도시소녀
귀농기

도시소녀 귀농기1

ⓒ 에른 2019

초판 1쇄   2019년 01월 31일

지은이   에른

펴낸이   이정원

출판책임   박성규
편집주간   선우미정
디자인진행   조미경
편집   박세중·이동하·이수연
디자인   김원중·김정호
기획마케팅   나다연
영업   이광호
경영지원   김은주·장경선
제작관리   구법모
물류관리   엄철용

펴낸곳   도서출판 들녘
등록일자   1987년 12월 12일
등록번호   10-156

주소   경기도 파주시 회동길 198
전화   031-955-7374 (대표)
       031-955-7381 (편집)
팩스   031-955-7393
이메일   dulnyouk@dulnyouk.co.kr
홈페이지   www.dulnyouk.co.kr

ISBN   979-11-5925-383-6 (04520)
        979-11-5925-382-9 (세트)

CIP   2019001506

이 도서의 국립중앙도서관 출판예정도서목록(CIP)은 서지정보유통지원시스템 홈페이지(http://seoji.nl.go.kr)와
국가자료공동목록시스템(http://www.nl.go.kr/kolisnet)에서 이용하실 수 있습니다.

도시소녀 귀농기

1 교산미 글그림 애규

들녘

어렸을 때, '동물농장에 살면 좋겠다'고 생각했습니다. 현실적인 고려라곤 전혀 없는 '상상'이었지만 이룰 수만 있다면 정말 행복할 것 같았어요. 하지만 서울에서 태어나 쭉 자랐기에 진지하게 고민해보지는 않았습니다. 그저, 은퇴할 즈음이면 가능하지 않을까, 막연히 생각했지요. 그런데 스물다섯 살에 뜻밖의 기회가 찾아왔습니다. 예정보다 이르게 은퇴를 결심하신 부모님이 귀농하기로 마음먹으신 겁니다. 친지들이 대부분 서울에 있어 망설이기도 했지만 복잡한 대도시를 벗어나고 싶다는 열망이 더 컸기에 저도 이 여정에 합류했습니다. 직업상 사는 곳이 어디든 상관없기도 했고요.

그 당시 제가 생각했던 귀농귀촌 역시 일반적으로 상상하는 모습과 별로 다르지 않았습니다. 아름다운 집과 신경 쓴 조경, 가끔 놀러 온 지인들과의 바비큐 파티. 그야말로 평화로운 시골살이를 기대했지요. 물론 정착 후 어느 정도 비슷한 생활을 누렸지만, 그것이 전부라면 중도에 귀농을 포기하는 사례가 미디어에 오르내릴 이유는 없을 겁니다.

귀농 과정엔 정말이지 많은 공부와 마음의 준비가 필요했습니다. 단순히 거주지를 옮기는 것이 아니라 이미 끈끈히 이어진 작은 네트워크에 낯선 얼굴이 연결되려 애쓰는 것이었으며, 한정된 예산을 조금이라도 아끼기 위해 조각조각 흩어진 행정 정보를 긁어 모으는 작업이기도 했습니다. 농사는 말할 것도 없었지요. 초반에 상당한 수준의 육체적 피로를 느낀 아버지는 한동안 병원 신세를 졌습니다. 판로를 개척하거나 미래에 대비하려면 부지런히 전자상거래나 새로운 농법 등도 익혀야 했고요.

그렇게 가족들과 함께 부딪히던 중, 이 경험을 바탕으로 만화를 그려 공유해야겠다는 생각이 들었습니다. 예비 귀농인들이 실전에서 어떤 문제에 직면했을 때 덜 당황하며 해결법을 찾을 수 있게끔, 정착 후 생활보다는 '준비 과정'을 중점적으로 다룬 이야기를요. 그래서 경험한 것을 꼼꼼히 기록하는 한편, 경험이 부족한 부분을 취재 · 공부하고 정보를 수집하면서 연재를 준비했습니다. 그 결과물이 〈도시소녀 귀농기〉입니다. 네이버와 다음 웹툰 자유연재 코너에서 약 3년간 연재했고, 운 좋게도 단행본 출간이 결정되어 더 보완된 모양새로 여러분께 선보일 수 있게 되었네요. 딱 3년만, 만화가로 먹고살 수 있을지 전력을 다해보자며 시작한 데뷔작이 좋은 끝을 맞이할 수 있어 기쁩니다.

여기까지 오는 데 응원과 격려를 아끼지 않은 많은 분들 정말 고맙습니다. 농원 식구들과 동물들, 친구들과 선생님, 요가 선생님, 인터넷 연재 작품을 읽어주신 독자분들, 웹툰을 예쁜 책으로 만들어주신 도서출판 들녘, 내용을 검수해주신 문경시청과 추천사를 써주신 안철환 선생님과 변현단 선생님, 작품에 건축사진 사용을 허락해주신 (주)나무집사랑 대표님, 정말 고맙습니다. 마지막으로 지금 이 글을 읽고 계신 여러분, 고맙습니다. 이 책을 사신 순간 제가 앞으로 창작활동을 계속해나갈 수 있도록 금전적 지원을 해주신 것이나 다름없습니다. 깊이 감사하며 모두 들숨에 건강을, 날숨에 재력을 얻으시길 기도하겠습니다.

이제 페이지를 넘기며 주인공 가족의 귀농 결심부터 정착까지의 길을 함께 걸어주세요. 그 길에서 경험한 것들이 여러분께 조금이라도 도움이 된다면 작가로서 그보다 더 큰 보람이 없을 겁니다.

2019년 1월 말, 뜻 깊은 한 해를 시작하며
작가 에른 드림

안내 말씀

이 만화는 '창작'한 이야기입니다. 주인공은 농업의 길을 가지만 저는 전업 작가이듯이 제 경험은 작품의 뼈대가 되었을 뿐입니다. 특히나 주인공 일행 외의 조연들, 예를 들면 마을 주민들 같은 경우 실존 모델 없이 상징적으로 혹은 필요에 의해 캐릭터를 제작했습니다. 작품 내용으로 인해 그림 배경이 되는 곳의 실제 거주민이나 그 외 다른 분들께 불필요한 피해가 생기지 않길 바라기에 이상을 미리 알려드립니다.

차례

지은

평범한 취업준비생. 대도시에서 자라 농업 지식은 물론 뚜렷한 목표도 없이 부모님의 귀농에 합류했다. 하지만 점차 흥미를 느끼기 시작하면서 하고 싶은 일을 찾아 나선다. 동물들과 즐겁게 살고 싶다는 소망이 그의 꿈이자 원동력.

막금 씨

건강 문제로 퇴사를 결심하고 주도적으로 귀농을 추진했다. 어릴 때 강원도에서 서울로 이주해 농사 경험이 없기는 매한가지. 예쁜 집을 지어 주변을 온통 꽃밭으로 만들고픈 로망이 있다.

옥순 씨

막금 씨와 막역한 지기로, 지은도 옥순을 '이모'라 호칭할 만큼 가까운 사이다. 막금 씨와는 성향이 달라 여러모로 부족한 부분을 의지하는 든든한 귀농 파트너.

재석 씨
난을 재배할 온실을 지을 수 있겠다는 생각에 귀농에 흔쾌히 참여했지만 은퇴 이후의 삶에 어느 정도 두려움이 앞서는 중년. 그래도 국진 씨와 콤비를 이뤄 뭐든지 직접 해보려고 노력한다.

국진 씨
어쩌다 보니 귀농한 곳이 국진 씨의 먼 친척들이 사는 마을. 덕분에 초반에 많은 도움을 얻게 되었다. 하지만 그에 만족하지 않고 굉장한 열의를 불태우며 자력으로 기반을 쌓아나간다.

형님
국진 씨와 먼 친척뻘 되는 형. 마을을 유지하기 위해 십여 년 전부터 귀농하는 사람들을 도왔다. 주인공 일행에겐 가이드 겸 마을과의 연결고리. 농사 경험이 무척 풍부한 편이다.

프롤로그 잉여들의 회담

짜~아식들~

있을 때 많이 먹어둬.

왜? 우이 이제 치킨 몬 머거?

우물 우물

사실은… 오늘 회사에….

사표 냈지롱~

축하해에~!

징말 잘됐어!

짝 짝

!

난 아직 돈을 못 버는데…. 아껴 씨야겠니….

우리는
귀농을 하기로 했다!!!

애들이여-
함께할 테냐?

우리의 귀농은 그렇게 시작되었습니다.

1화 백수의 아침

다음 날 아침

잠팅아
동생 복귀한다!

님아 조용히
사라지셈.

나 <다이어터>
빌려간다.
살 좀 빼려고.

이 녀석은 동생 지우(23)
말년 병장입니다.

아들은 정말
같이 안 가?

재밌을 텐데!

시골은 싫다니까.
난 도시가 좋아.

오늘도 어김없이 이 시간이 돌아왔군….

오늘은 어떤 거야?

아빠(51)는 IMF 때 명예퇴직 후 같은 회사에서 계약직으로 쭉 일해왔습니다.

아무리 찾아도 아빠 지갑이 없구나!!!

잠깐 기다려 봐.

하지만 나이가 많다는 이유로 올해 말에 다시 직장을 잃게 됐어요.

아무 데나 놔두니까 매일 찾는 거야~!

이 봐~ 어제 입은 바지 뒷주머니에 있잖아.

2화 시작은 수다로부터

나 진지하다니까. 정말 좋은 거지?

너희들과 같이 살다니-정말 기대돼!

도시를 벗어나자! 도시를!

만날 때마다 조금씩 계획을 세워보는 게 좋겠어.

돈 많이 벌어야겠네. 난 근무가 5년은 더 남았어.

막금아.

막금이라고 부르지 말랬지.

나희라고 불러~

막금이 막금이~

나 내일 회사에 사표 낼 거야.

너도?

응? 너도?

꼬덕

시도 때도 없이 코피 쏟는 거 못 참겠어.

한의원에서 화병 진단 내리더라…

이 x야! 사장 불러와! 이 씨X-날 개무시해?

고객님 진정하세-

찌익

그 후, 함께 살자는 꿈은
모두의 가슴 속에서 상상으로만
커가고 있었습니다.

어느 날 갑자기 걸려온 전화가
상상을 현실로 바꿀 거라고
그땐 누가 감히 짐작했겠어요?

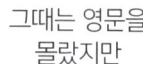
그때는 영문을
몰랐지만

집을 나서는 엄마가
무척 설레 보였던 건
또렷이 기억납니다.

3화 매물 알아보기

토지 정보는 포털사이트 '부동산' 코너에서 찾을 수 있어.

딸깍
딸깍

지역을 선택하면- 짠!

이렇게 매물 정보가 올라오지.

훗

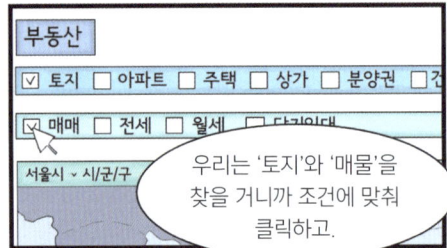

부동산

☑ 토지　☐ 아파트　☐ 주택　☐ 상가　☐ 분양권　☐ 건

☑ 매매　☐ 전세　☐ 월세　☐ 단기임대

서울시 ▾ 시/군/구

우리는 '토지'와 '매물'을 찾을 거니까 조건에 맞춰 클릭하고.

와! 너 진짜 박사 다 됐다~ 땅을 얼마나 많이 보러 다닌 거야?

대단해 ~

따악

남편한테 귀농하자고 한번 말해봤더니 반응이 무척 폭발적이어서.

주말 나들이 삼아 구경가다 보니 이렇게 됐네.

철이 안 들어.
철이.

하하하하하

실은…
귀농을 하면 좋겠다 싶어서
토지를 위주로
알아보고 있었어.

푸홉

물론 우리는
근교의 전원주택 단지에 입주하거나

귀촌해 집을 짓고, 아니면 임대 후
수리해서 살아갈 수도 있지.

하지만 그럴 경우엔

수입이 없으니까
생활이 힘들 수도
있겠어.

맞아. 토지나 임야의
좋은 점은 집을 짓고 남는 땅에
농사를 지을 수 있다는 거잖아?

나도 그런 면에서 귀농을 좀 더 염두에 두긴 했었어.

농사를 안 해봐서 힘들지 않을까 겁이 나긴 하지만.

분명 쉽진 않겠지만.

못할 것도 없을 거야.

열심히 배울게요오~

저희도 대화에 끼워주세요오~

그 뒤 몇 달 동안 두 부부는 발에 땀나게 전국을 휘젓고 다니며 좋은 토지를 물색했습니다.

엄마?

다녀올게!

엄마! 아빠?!

출타하겠음!

어디 가는데?!

데이트!

주말마다 데이트라니…. 이 나이에 동생이 생기는 건 아니겠지….

난감

그리고 5월의 어느 날,

4화 여러 개의 이상

국비지원?
그런 게 있어?

소득에 따라서 지원
금액이 달라지기는 해.

우리 집 애들이
할 만한 건? 없니?

젊은 애들은
취업성공패키지 같은 거
추천하던데.

까똑으로 홈페이지
주소 보내줄게.

야 너 그 폰케이스
네가 샀어?

듣고 싶은 과정 있는지
일단 찾아보라고 해.

사기는~
딸내미가 쓰던 거야~

이런 혜택은
어디서 찾았어?

있는 줄 알았으면
진작 우리 애도 시켰지!

이 시키는 눌러대기 바빠

글쎄-
우리 애들도
전혀 모르더라니까?

대학에서 하는
프로그램이냐고
묻던데?

끄덕

아는 사람만
누리는 거구만.

복지가 있으면 뭐하나!
누구를 위한 복지냐?

그래도 요즘은 예전보다 좀 낫더라
이따금씩 지하철 광고도 보이고.

034

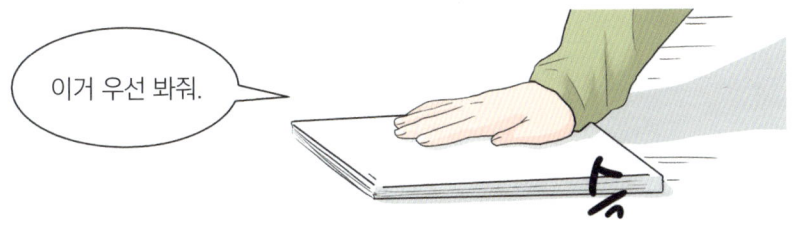

그날 밤

마이 걸?

손···!

잠깐, 잠깐. 이게 무슨 소리야? 귀농?

이 땅은 뭐고?

나도 좀 당황스럽네.

당장 땅을 사서 귀농이라도 하자는 거야?

지금 당장? 난 아직 정년까지 5년 이상 남았다고 했잖아!

아니야 얘들아! 진정해!

지금 당장 가자는 게 아니야!

난 무척 설레는 마음에 다들
나와 같은 생각을 갖고 있다고
그만 멋대로 믿어버린 거야.

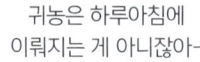
귀농은 하루아침에
이뤄지는 게 아니잖아-

그럼 땅을
지금 살
필요가 있어?

적어도 5년!
전부 정착하는 건
5년 이후에-

그동안은 준비를
하자는 거지!

땅은 일찍 구매할수록
돈을 절약할 수
있을 거라고 봤어.

요새는 충북과 충남도
조금씩 토지 가격이
상승하고 있거든.

아니 그래.
그렇다는 건
알겠고.

이야기가
돌아가는 게
영 이상해.

깊이 생각해보진 않았지만,
연금이 적으니까
약간의 수입은 필요해.

그럼 귀농도
나쁜 선택은
아니지.

우리 이미
'귀농' 하기로
결정한 거니?

그치만 농사는 아무래도 힘들지 않을까?
어려서 시골에 살긴 했지만….

가까운 친구들도 사는 환경이 다르기 때문에
미래에 대한 이상 역시 서로 다를 수 있는 건데…

난 늙어서까지 일을
하고 싶진 않아!

그래서 당연히 근교
전원주택에 모여
살 거라고 생각했어.

정말 늙어버리면
또 다시 병원이 있는
도시로 와야 할 거고!

가야겠다.
좀 혼란스럽네.

다음부터 이런 건
미리 물어봐줬음 해.

탁

야 같이 가!

얘들아
전화할게

오늘은 헤어지고
다시 이야기하자.

너무
갑작스러웠던 것
뿐이야.

실망하지 말고.
응?

5화 마음을 모으는 시간

며칠 후

뿅

지이이잉

빠빠 꿈

지난 주에 친구들을
만나고 온 후로
엄마 기분이
쭉 저기압이군.

띠링띠링

엄마- 전화 왔어.

어. 고맙다.

지이이잉...

경숙이….
그날 이후로 첫 통화야….

띠러리링

빽

어어 경숙아-

막금아.
잘 지냈어?

있지- 일주일 전에 한 얘기-
귀농 말이야.

함마!

쿵

쿵

어… 응.
깜짝 놀라게
해준다는 게

당황했지?
정말 미안해.

괜찮아~
나도 한 살배기 우리
손녀만 아니었으면

고민 없이
찬성했을지도
몰라.

남편은 나보다
더 난리다~

함마!!

정말? 진짜야?

털썩

다행이다-

지난번에 준비했던 거
며칠 전에 옥순이가
메일로 보내줘서 읽어봤어.

그동안 얼마나 열심히
준비했는지 알겠더라.

나도
불렀어야지~!

함마-

부들

부들

손녀 돌보느라
바빴잖아.
그래도 미안….

으아앙

야 이 떼쟁이가 똥 쌌나 봐!
단톡으로 더 이야기하자.
끊는다~!!

044

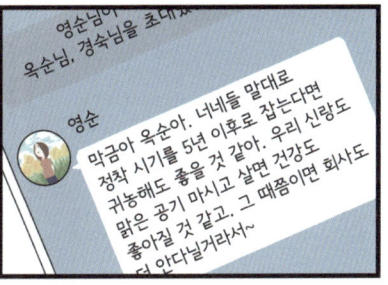
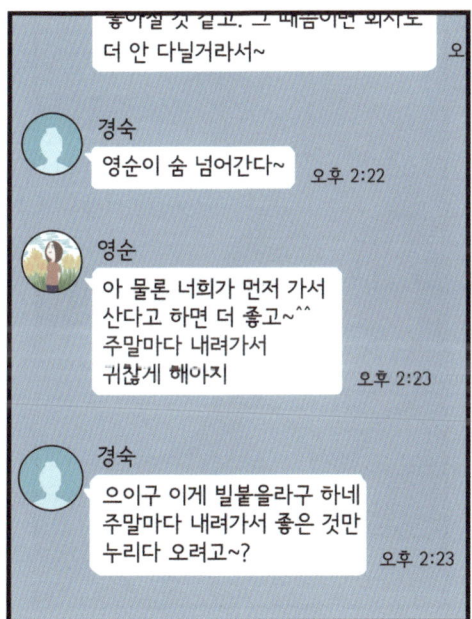

나도 같이갈래 ㅎㅎㅎ

손녀 때문에 금방은 못 내려가
그래도 귀농 준비는 같이 할게.

영순
어 나도나도. 준비는 다 같이해~
힘드니까~

대신 이제 깜짝 발표 이런거
없는거야~

미안….
이젠 다
의논할게….

옥순
금순이는? 영순아

집에 가면서 무슨 얘기했어?

영순
아마 금순이는 내 생각에
귀농은 안 할 것 같아

그 방향으로는 생각이
확고해 보여.

역시….
기분 많이 상했구나.
어쩌지….

엄마 나
부침개 부치러
간다.

여보세요?

어– 음…
있지–
막금아.

난 역시 귀농은
하고 싶지 않아.
좀 민감한 말일지도
모르지만

노후대책도
대충 되어 있고….

민감하긴–
괜찮아.

네 의견을 먼저
물어야 했는데…
미안해.

굵적

아니 아니–
사과하지 마.

그날은 좀 당황해서
화가 나는 것 같았지만.

그냥 며칠 동안
이것저것 생각해보니까–

다 같이 모여서
매일 놀기만 하다
죽는 것도 좀
무료하잖아?

하하하하핫

너희들끼리라도 귀농하겠다면 나도 가끔 도울게.

일손 같은 게 필요하면….

금순아…!

아니 뭐 그래- 정착 잘되면 그 근처로 집 빌려 이사 가지 뭐!

잘 추진해봐~ 궁금하니까 어떻게 되는지 알려주고!

응- 너도 꼭 같이 살게 되면 좋겠어.

우리 항상 함께라는 거 알지?

낮 간지럽게-!! 끄-끊는다-!

엄마! 부침개 다 됐는데-

기분이 또 좋아졌어- 그렇게 맛있나?

와! 맛있썽!

혹시 갱년기인가?!

여러 번의 회의를 거쳐
금순씨네를 제외한 네 가족은

좋은 땅이네요.

돈을 모아 임야를 구입하는 대신

가족당
2250만 원이야.

충남 6000평 / 9000만
= 평당 15000 원

가족당 ㅋ

속닥
속닥

나 돈 빌려줘~

나도 같은 땅
살 거거든….

각자의 생활에 맞춰
귀농 시기를 달리하기로 합의했습니다.

귀농대기 팀

(회사원과 할머니)

귀농착수 팀

(백수와 예비백수)

척

짝
짝
짝

부동산 측에 구매 의사를
전했습니다~!

아무쪼록 모두 좋은 소식을
기다려주세요!

네? 안 판다고요?
하지만 어제는
분명히 팔겠다고-

아마 가격 하락을
요청한 게 심기가
불편했나 봅니다.

가격 흥정이야
흔히 있는 일인데-

혹시 저희 말고도
이 땅에 관심을 보이는
사람들이 있었던 거
아닌가요?

지끈

산

제가 아는 바로는
아직까진….

일단 설득해볼
테니까
기다려주세요.

알겠습니다.
잘 부탁드려요-

이틀 뒤

판다는군요!
하지만 역시나
가격은 못
내린답니다.

고생하셨어요.
땅값 부분은
저희도 한번 더
의논해보고

조만간 다시
연락드릴게요-

땅 구매부터
진 빠지네~

틱틱

왜 이렇게 뜸을
들이는 거야?

틱틱

막금

주인이 마음을 또 바꿨어

판다네-

하지만 가격을 내리는 건
쉽지 않을 것 같아

이대로 구매할까?

까톡

알았어… 또 고민이 깊어지네….

끼익

?

예에- 사장님? 무슨 일이세요? 그새 또 마음이 바뀌었대요?

면목없습니다.

에?

가격 때문에 생각할 시간이 필요하다고 전했을 뿐인데….

…이렇게 나올 줄은…

돌겠네

그러니까 지금 본인이 인심 써서 다시 살 기회를 줬는데

곧 바로 넙죽 엎드려 받아먹지 않아서 불쾌하다는 건가요???

하하하….

투투투투

우왁!!!

파앗

지은 아빠! 전화! 전화 받아!!!

푸슛

여보세요?
예에- 사장님-
와이프가 갑자기 코피가 쏟아져서-

아유- 죄송하긴요-
열심히 중재하신 거 다 아는데요-

안서!! 그 땅 안산다고!

커헉

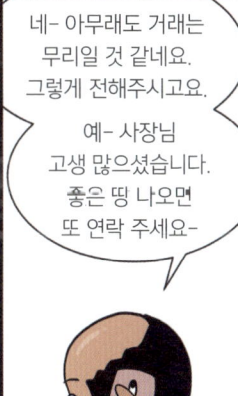

네- 아무래도 거래는 무리일 것 같네요. 그렇게 전해주시고요.

예- 사장님 고생 많으셨습니다. 좋은 땅 나오면 또 연락 주세요-

그날 밤

친구들한테도
말해줘야지….

우리 땅을 다시 알아보는
게 좋겠어.

저녁에 연락이 또 왔는데
또 입장을 번복하더라.

틱 틱
틱

아무래도 이 땅은
연이 아닌가 봐.

그래.
나도 정말 지친다….

어우 짜증 나!
안 산다고 해!
안 산다고!

벌써
안 산다고
해버렸어~

영순
잘했어 잘했어   오후 11:45

옥순
인연이 아니었던 거야

급하게 생각말고 처음부터
다시 해보자

경숙
찬성찬성~   오후 11:46

7화 서울을 벗어난다는 건

고작 땅 하나 고르는 데 6개월이 걸렸단 말이야?

으음-

뭐래? 내가 얼마나 고생했는데~

딸랑

딸랑

바닐라 라떼 아이스 한 잔이요!

ORDER HERE

총 두 잔이요. 쿠폰 있으세요?

귀농인들 평균 준비 기간이 2~3년이라던데, 그래서 언제 다 할래?

쿡

너 어제 월급 탔지? 엄마를 놀린 벌이야~~

커피 네가 사!

호호훗

아니아직안탔는데?

하하하..

뻥 치시네-

블로그
알바 이번 달 월급 많이 ㄴ

폴라이모빌 사려고 하는데
이거어거 어떻? 이웃님들 ↓↓
이번에 처음 올 비싼 거 사보려고 함

....

ㅍ.. 풀모...

현금 영수증...
해주세요.

번호
찍어주세요.

근데 엄마
경북 문경이면

당초 예상보다
서울에서 훨씬
멀어진 편이네.

그렇지.

엄만 서울 밖으로
나가는 거 안 무서워?

너는 어떤데?

나?

너도 귀농
같이할 거라며?

어- 나는-

난 좀 무서워.
친가랑 외가 모두
서울이라서 시골엔
몇 번 가본 적도
없는 걸….

그래도 엄청
재밌을 거 같아!

꿈이
쿤~

실은 나도 이것저것
걱정되는 게
많아.

자가용이 필요한 곳인데
나는 장롱면허라는
것부터 시작해서….

엄만 어렸을 때
강원도 산골에서 자랐다며-
그런데도 걱정돼?

어릴 때 잠깐
살았을 뿐이니까.

잠깐만 엄마,
커피 가져올게.

위잉
위잉

?

우웅 우웅

STAFF
ONLY

PICK UP

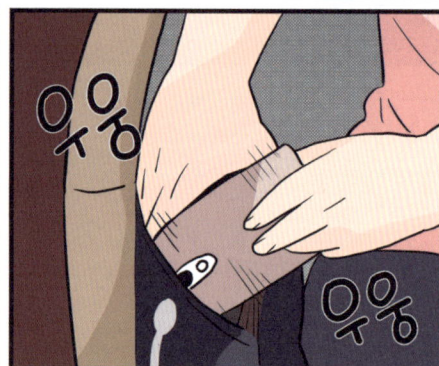

우웅

우웅

허

짠~커피 가져왔어용~

사실 당장 두려운 건
마을 사람들과의
관계일 거야.

하지만 먼 미래를
생각해보면–

?

금순 이모 말처럼
주변에 큰 병원이
없는 게 꽤
불안하더라.

아… 그런 건
미처 생각 못했네.

응급상황이 생기면
어떻게 해야 할지 미리미리
숙지해야겠구나….

그래야 할 거야.
우리 사는 땅에서 좀 큰 병원까진
차 타고도 20분 걸리니까.

우웅- 우웅-

엄마 문자 왔는데?

그 사람이 왜 또??

참- 내일 너도 같이 갈래?

신경 쓰지 마. 전에 사려던 땅 주인이야.

땅 산다는 사람이 영 나타나질 않나 보지 뭐.

내일 뭐 하는데?

계약금이랑 중도금은 보냈고 내일은 잔금을 치르는 날이거든. 그래서 엄만 네가 꼭 필요해.

필요해?

어째 예감이-

제발 같이 가자아~ 네가 꼭 필요해!

아-알았어 가면 되잖아!

드륵

엄마 엄마- 시골 가면 닭 키울 거야?

계란 먹으려면 키워야지.

와 진짜 걱정했는데 네가 간다니 다행이야~! 이제 얼른 은행 들르자. 곧 문 닫겠어!

나 지금 뭔가 잘못 선택한 듯…

토끼는?

염소랑 소는?

동물농장이냐?

귀엽잖아!

토끼 같은 건 돈이 안 돼!

토끼를 돈으로 판단하다니!!!

③ 일반 업무

현금 인출이요. 5만 원권으로 해주시면 좋겠는데요.

인출 금액은 천만 원이요.

5만 원권 재고가 그리 많지 않아서

반은 만 원권으로 지급해드려야 할 것 같은데 괜찮으시겠어요?

뭐 어쩔 수 없죠. 그렇게 해주세요.

여기 있습니다.

생각보다 부피가 커졌네.

은행 봉투라 가방에 넣어가시는 게 좋을 텐데요.

다행히 큰 가방이 하나 더 있었네요.

30분 후, 집

수고했어~!

하아 너무 힘들었다구-

그래 보이더라~ 아주 볼 만했지~

내 가방!!

건들지 므-

으으으...

가방에 천만 원이 있으니까
정신이 아득해져-
다시는 저런 거 안 넣을 거야!

다음 날

...

조용~

↑막금 씨

톡톡

↑옥순 씨 남편

8화 뜻밖의 계약

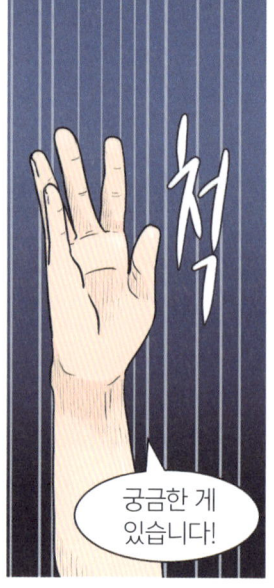

금순 이모네가 빠져서
이대로 네 가족만
귀농하는 건가요?

궁금한 게
있습니다!

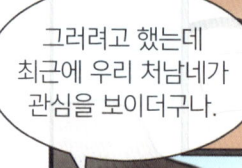

그러려고 했는데
최근에 우리 처남네가
관심을 보이더구나.

처남이면-
옥순 이모
친오빠죠?

우리 아빠랑
친구 사이이기도 한-

맞아.
기억하는구나?

지은(다섯짤)

하하- 아빠랑 둘이서 종종
절 곤란하게 하시곤 했죠.

비교할 걸 비교해! 당연히 내가 더 잘 생겼지!

어허~! 그럼 우리 딸한테 물어보자고- 누가 더 잘생겼는지!

흐에엥- 둘다 못생겼쩌~!!

항상 별거 아닌 걸로 쓸데없이 다투시곤 했지….

어쨌든 잘됐어. 불편한 사이도 아니고 귀농하는 인원이 늘어서 금전적 부담도 줄었거든.

다음 주말에 다 같이 모여 동업계약서를 쓰기로 했단다.

휴게소

화장실

빵빵-

후루룩

엄마 부동산 거래는 원래 이렇게 현금으로 해?

소곤 소곤

가방에 든 돈 때문에 우동도 못 먹고 있는 거니?

소곤소곤

누가 듣겠어!

현금은 상대방이 부탁해서 극히 일부만 뽑아온 거야. 나머지 돈은 모바일로 송금할 거고.

후루룩

에휴- 덕분에 나만 온종일 마음 졸이는구만.

이런 모바일 시대에 웬 현금 지불….

그나저나 우리 주말마다 서울하고 문경을 오가려면 너무 피곤하겠어요.

아무래도 그렇겠죠.

마을에 집을 빌리면 어떨까요? 피곤하면 자고 가기도 하고 밥도 해 먹을 수 있게.

좋은 생각이네요.

국진 씨 친척 형뻘이라는 그분한테 부탁해봐요.

친척 형?
우리 귀농하는 마을에
이모부 친척이 있어요?

본관이 같아 따져 보니
형뻘 되는 분이신 거야.

당고모뻘인 어르신도
한 분 계시단다.
아마 그 주변에서 많이들
모여 살았나 봐.

호오

와 대박이네요.
이웃들이랑 어떻게
친해져야 할지
진짜 고민이었는데.

사실 생판 남인데
피가 섞였다며
반가워해주시니
고마울 뿐이지.

자아 드디어
문경 시청이다.

여기 주차하고 좀 걸어가죠.
부동산 앞에는 마땅히
댈 데가 없어요.

꾹

욱

선산이라 물려받기는 했지만 먼 곳에 살며 관리하기가 여간 어려운 게 아니에요.

묘가 없다면 찾을 일도 없으니 이 넓은 땅을 어쩌나 했습니다.

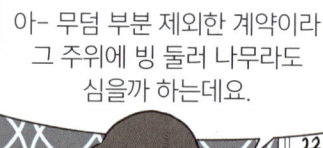

아- 무덤 부분 제외한 계약이라 그 주위에 빙 둘러 나무라도 심을까 하는데요.

오~ 그렇군요. 나무를 땅 경계로.

묘소 구색도 살고 멋지겠어요.

지은아 돈 봉투.

응.

여기 부탁하신 현금입니다. 나머지는 지금 바로 송금해드릴게요.

그동안 얼른 세어보겠습니다.

아가도 엄마 따라 귀농인가? 몇 살이야? 고등학생?

25살이에요. 벌써 대학 졸업했고요.

그랴아? 그럼 무슨 일 하는가?

직업은 아직….

그 나이 먹고도? 전공은 뭐야?

역사학이요.

요즘 세상에 영 돈 안 되는 걸 배웠구만~ 부모한테 짐 되기 전에 얼른 길을 바로 잡아~

저런 말 너무 많이 들어서 이젠 별 생각도 안 드네….

077

그동안
남은 용돈이나
아르바이트로 짬짬이
저금한 거 엄마한테
꽤 맡겨뒀잖아.

......

이미 썼어?
나한테 말도 없이?!

설마-
몽땅 다?

이지은 님은 제가 빚을 갚을 때까지
어엿한 투자자로서 땅의 소유권을 주장할
권리가 있으시고- 재배한 농작물의
판매수익을 분배할 때에-

9화 핫 플레이스

그렇게 계약을 마친 후, 우리는 집으로 돌아가고 있습니다.

차를 타고 가며 천천히 살펴보니 문경 곳곳에 정말 많은 동물들이 살고 있네요.

저도 얼른 이곳으로 이사하면 좋겠어요!

<지은이의 그림일기. 8월 x일 맑음>

어? 그런데 여긴 어디죠?

뭐야? 집에 가는 거 아니었어?

일단 내려 봐.

저기 좀 봐봐!

여기가 바로 장안의 화제! 문경의 핫 플레이스!

땡땡제과

시끌

찹쌀떡 가게!

시끌

금일 물량 소진

폐점합니다.
내일 아침에 다시
찾아주세요.

세상에 문을
닫았다는데
무슨 손님이
이렇게 많아?

정말 인기 있는
집인가 봐요.

이봐 그러지 말고
하나만 더 챙겨줘!

물건이 없어서
가족당 하나밖에
못 드려요.
지금도 쫓기며
만들고 있다구요

이것 땜에 서울서 세 시간 걸려왔어.
식구들한테 하나씩 먹여야 할 거 아니야.

여기 다- 전국 각지서
오신 분들이에요.

한 상자씩은 다 챙겨드려야
할 거 아닙니까?

두 분은 일행입니까?

네? 그럴 리가요?

달칵

일어나라 딸!
할 일이 있다!!

에-에?

가서 찹쌀떡
하나 더 사와.

뭐?
싫어~

척

엄마도 이모부도 벌써 손에
한 봉지씩 들고 있잖이?
그거면 충분히 다 먹겠네!

지인한테 부탁 받았는데
일행당 하나밖에 안 준대!
넌 계속 여기 있었잖니~

안 해~!
귀찮단 말이야!

눈...치

결국 왔다….

어르신 언제 가실 거예요?
여기 줄 선 거 보세요! 줄!

딸르릉

안 주면
안 가.

하─
한 상자면 됩니다.

미안해 학생
오래 기다렸지요?
여기.

잠시만요!
지나가요!

으윽─

후아─

땅 땅 제과

싸아

잉?

으 차가워~

수건이 없는데
어쩌지….

ㅇㅇㅇ...
그렇게 내가 아까
가기 싫다고
했잖아…!

비 오면 데리러
오기라도 하든가!

엄마
카디건이라도
덮고 가자.

어 이거
그 동네만 오는
소낙비였나 본데.

찌쟁!

지은아~
날 갰으니
우리 땅 가볼래?

…집까지 안전하게
모시겠습니다!

아하하

30분
후

국진 씨 에어컨 좀
끄고 갈까요?

알았어요.

후우~
덥다~

10화 동업 계약서

흠흠-

오늘은 역사적인 날입니다.

우리는 이 계약서에 도장을 찍는 그 순간부터 같은 곳에서 남은 인생을 함께 보내게 될 거예요.

그러니 논의를 거쳐 수정한 최종본을

마지막으로 함께 확인하도록 해요.

동업계약서.

김막금, 남명자, 오경숙, 이영순, 장옥순은 경상북도 문경시…

…의 매입과 운영에 발생하는 비용 및 수익에 대한 배분을 다음과 같이 합의한다.

…만 원을 1인 출자금으로 하며 경작 참여의 의무를 가진다.

돈이 엄청 필요하네. 땅값이 저렇게 비쌌어 언니?

땅값뿐만 아니라 농기구도 사고 집터도 손 보고 나무도 심을 돈이야.

대표는 경작의 중요현황을 공유하고 의견수렴을 통해 의사결정을—

침침…

아 맞아 엄마가 너희들 이거 가입시키랬는데

우리 귀농 커뮤니티야.

이제 모든 일정과 작업 현황이 여기에 업데이트될 거야.

일손은 많을수록 좋으니까 너희도 와서 도와줘.

나도 가입 해야 돼? 난 귀농할 생각 없는데.

우리도.

내 동생도 싫다고 하던데. 둘째들은 단체 거부인가?

아쉽지만 어쩔 수 없지.

흠

너희들은 종종 올 거야?

...마찬가지로 관심이 없는 모양이네.

ㄹㄹ

무슨 소리야. 자주 내려가서 도와드려야지.

기회가 되면 아예 가는 것도 좋을 것 같고.

킥킥

다음날부터 가족들에게 귀농 소식을 알렸습니다.

할아버지/옥상 농부

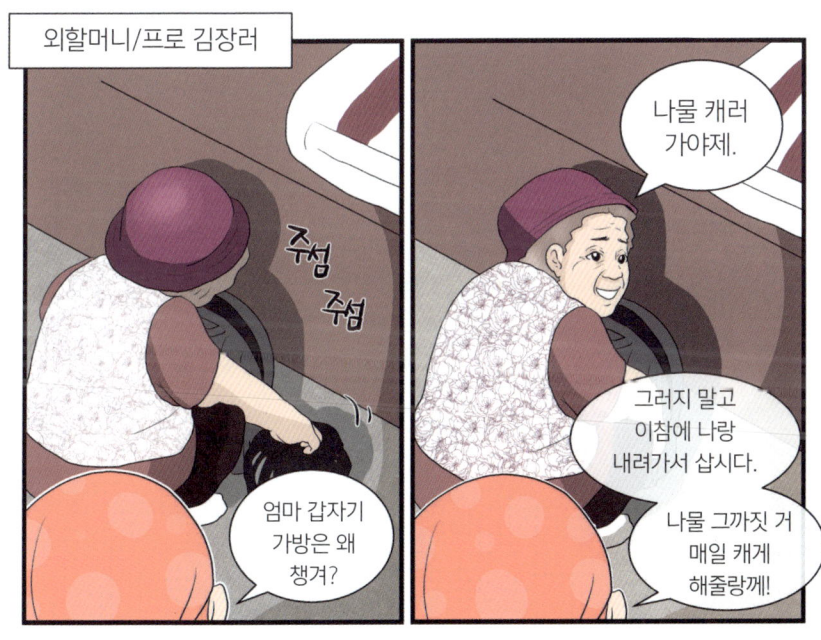

친가·외가 가족들뿐만 아니라 친구와 지인들도
우리의 도전에 관심과 격려를 보내주었답니다.

마치 그들의 마음속에도 벌써 설레는 새싹 하나가 움튼 것처럼요.

11화 첫 추억의 짜릿함

동업계약서에 도장을 찍으며
정식으로 한 농원의 식구가 된
우리 다섯 가족.

할 일이 산더미처럼 많지만
두 가족이 먼저 들을 뒤덮은 마른
망초대를 정리하기로 했습니다.

망초는 북미
원산의 식물인데
우리 들이나
길가에서도
흔하게 볼 수 있고
보통 50~150cm까지
성장해요.

하얀 꽃이 피고
잎은 약용하거나
벼룩 퇴치에
쓰기도 한대요.

지금 우리 땅의 망초는
양이 너무 많고 또 키가
지나치게 커서

내가 호빗이었음을
다시금 일깨워주는군.

이 녀석들이 씨를 뿌리기
전에 몽땅 뽑아내야
밭을 만들 수 있어요.

지은아- 해원이랑 먼저 올라가서 돗자리 다 깔아놔라.

노니는?

안고 가. 소나기 때문에 아직 진흙탕일 거야

야! 우리 어디까지 가는 거야? 설마 정상은 아니지?

다 왔어!

그러게 누가 이런 데 오면서 새 신발 신고 오랬냐?

이런 길일 줄은 예상 못했지~

내년에 진입로 연장신청 하면 도로가 여기까지 포장된대. 그럼 좀 낫겠지.

지금 당장 할 수는 없는 모양이지?

아직 농업경영체 등록을 안 했거든.

그게 우선 해결되어야 여러 가지 지원을 받을 수 있어.

자자 일단 밥 먹고 작업 시작합시다!

점심은 보쌈이에요!

어떻든 간에 얼른 집터까지는 진입로 연장을 해야지. 그래야 집을 짓든 뭐든 해보지.

그치만 먼저 벌목부터 하고 우리끼리 집터랑 도로 깔 자리를 딱 정해놔야 돼. 그래야 맹지가 안 생겨.

맹지가 뭔데요?

도로에 접하지 않은 땅을 맹지라고 말해.

우리니라는 건축법상 2m 이상 도로에 접하지 않은 땅에는 건축을 할 수 없으니까- 쉽게 말하자면 집을 못 짓는 땅이라고도 할 수 있지.

난 그런 이야기도
들어본 적이 있어.

C라는 사람이 A, B와 함께 부채꼴
모양의 땅을 사서 이렇게 나눴는데.
그 후에 크게 다퉈서 사이가
틀어졌다는 거야.

하지만 어쨌든 사놓은 땅이라
뭐라도 지으려고 뒤늦게 건축
법을 따져보니 C가 가진 땅은
맹지여서 A와 B가 집 짓고
잘 사는 동안 살지도 팔지도
못하고 땅만 치며 후회했대.

세상에-
그런 경우엔
구제 방법이
없어?

아마 사설도로를
내는 방법이
있긴 하지?

그것도
땅 주인들 동의가
있어야 하잖아.

짹-
짹-

으으 허리야-!

넓기도 하네
이걸 언제
다 뽑아?

얼마 지나지 않아
황량한 농원에
위대한 첫 건축물이
생겼다고 한다.

아빠들이 정성을
다해 만들었어요!

<농업인의 기본! 농업경영체 등록>

농업 관련 정책 지원을 받기 위해서
꼭 선행해야 하는 일이 있습니다!

바로 농업경영체 등록입니다!

1. 농업경영체 등록 제도
   농업 종사자들(법인 포함)의 경작 정보를 등록하고 통합 관리하는 제도.
   특정 조건을 충족하면 농촌에 상주하지 않더라도 농업경영체로
   등록할 수 있으며 정책지원 등을 받을 수 있다.
   국립농산물품질관리원에서 신청을 받는다.

2. 농업경영체 등록 조건
   1) 본인이 1000제곱미터 이상의 땅을 경작
   2) 연간 농산물로 120만 원 이상의 수입이 있음
   3) 연간 90일 이상 농업에 종사
      (이상 하나 이싱의 조건 해당자 등록 가능)
3. 등록 방법
   1) 주민등록상 주소지의 농산물품질관리원에
      오프라인으로 등록 신청서와 경작을 증명하는
      서류를 제출
   2) 또는 농업경영체 등록 온라인 서비스 이용

12화 내가 할 수 있는 것

문득 그런 생각이 들었습니다.

2015년 8월
귀농일기
문

귀농인으로서 나는 지금까지
어떤 모습이었을까?

엄밀히 말해 저는
이 대업을 주도하는
인물이 아니었어요.

사실, 그럴 수가 없었어요.

결정을 내리는 것은 어른들.
직장을 떠나 새로운 삶을 꿈꾸는
그들의 몫이었으니까요.

그 가운데서 제가
뭘 할 수 있었겠어요?

제가
할 수 있었던 것은
… 해왔던 것은
그저 모르는 걸
묻는 일뿐….

아니 어쩌면… 지금껏
귀농을 진지하게 생각하지
않았던 걸지도 모르겠어요.

힘든 현실의 도피처 정도로
너무 안일하게 봤던 건 아닐까?

이러다간 당당하게
동물농장을 세울 수
없을 거야!

반짝

흡!

꽈악

됐다!

오늘부터 새롭게
태어나는 거야!

팔 걷고 나서지 않으면
동물농장은 꿈 일뿐!

노력하는 자가
닭과 외를 얻는다!!

우리 농원의 젊은 피!
내가 할 수 있는 일을 찾는다!

에-
그러니까 뭘-

GoooD

하하하핫~

얼른 들어가요!
해산! 해산~!

웅성 웅성

다들 뿔뿔이 흩어졌네.
하긴 사람이 몇 명인데-

근데- 난 도대체 뭘
자세히 봐야 하지?

다른 사람들은
관심 분야가 확실한 것
같던데….

경숙 이모는 학구파답게
정부 지원 정책을 메모하고 있었고.

띠릭

이거 진짜 재밌게 했는데!
밭 갈고 밑거름 주고
육묘장 만들고!

농사 용어도
많이 익혔어!

나는 몇 개월 하다
그만두고 말았지만….
같이 시작한 엄마는
아직도 열심이라고!

엄마한테
알려줘야-

벌써
와 있잖아!

다들 열심히 공부하시는데
엄만 여기서 게임을 하고
계십니까요-

혹시 쿠폰을
주지 않을까 해서-

흔들

하지만 쿠폰은 받을 수 없었다.

엄마, 저기 봐. 여긴
6차 산업이 콘셉트인가 봐.
근데 그게 뭐지?

침
울

벽에 써 있네.
1,2,3차 산업을
곱해서 6차
산업이라는데?

뭔 소리여.

나라고 알겠냐.

그러니까- 1차 농수산업, 2차 제조업, 3차 서비스업을 복합한 산업이고. 고부가 가치를 지향하는 최신 트렌드래.

단순히 농사만 짓는 게 아니라 상품도 만들고 관광도-

뭐야 얘 어디 갔지.

엄마 여기 농업 관련 디자인 공모전 수상작들이 있어.

곡물로 만든 상품을 주제로 한 다용도 용기 디자인이래.

기본 색을 정말 잘 선택한 거 같아! 고전적이면서도 무척 소박한 맛이 있어!

그러네.

13화 익숙하지 않은 일

박람회에서 귀농 상담을 받은
저는 자가진단을 해보려고 합니다.

며칠 전 귀농박람회 당시

학생의 입장은 은퇴하고 귀농하시는 부모님과는 달라요.

앞으로 오랜 시간 농촌에서 살 거라면 특히 그렇죠.

일단 학생이 지금까지 어떤 역량을 쌓아왔는지 돌아보고 그걸 어떻게 농업에 활용할 수 있을지 생각해보길 바라요.

최근 트렌드인 6차 산업만 봐도 앞으로의 농업은 단지 농사를 짓는 일에만 머무르지 않을 거예요.

그러니 다양한 아이디어를 가진 인재들이 곳곳에 필요하겠죠.

하긴 부모님은 연금이 있어서 농원 수입이 적더라도 괜찮지만.

난 농부건 뭐건 간에 먹고살 궁리를 더 해야 해.

그치만~ 내가 지금까지 배워온 것들이 정말 이 일에 도움이 될까?

뭐하고 있어?

지난 번 박람회 때 문경 부스에서 들었던 조언을 곱씹어보고 있어.

내가 본격적으로 농업에 뛰어들 때 필요한 정보를 이것저것 알려주셨거든.

…

엄마 아빠랑 같이 귀농한다고 해서 네가 꼭 농업에만 매진할 필요는 없을 것 같은데….

그분도 그러셨어. 만약 경작이나 농업경영에 자신이 없다면

굳이 그걸 고집할 필요가 있겠느냐.

다른 기술을 익혀서 경영인이 되려는 젊은이들과 함께 창업할 수도 있다는 거지.

내가 산업디자인 기술을 익혔다면 농업경영체에 취직해서 디자인 업무만 볼 수도 있고 말이야.

어쨌든 일단은 종이에 이것저것 적으면서 내 역량이나 자산을 가늠해볼까 해.

엄마도 같이할래?

그럴까?

자 여기

우선은 제일 알기 쉬운 거? 자격증을 써볼까?

아빠도 올래?

탈 탈

어~

한국사능력검정

성명 : 이지은
합격등급 : *급
인증번호 : 00-0000
인증일자 : 2009년 0월 00일

국가공인 자격증

성명 : 이지은
종목 : 한자실력급급수
급급 : *급
*기간: 평생

일단 내가 가진 건 한국사랑 한자 자격증. 이 두 개야.

역사학도인 거 너무 티 냈나? 이것뿐이네.

중국어도 배웠잖아. 한자랑 같이 가르치는 일을 하면 어떨까? 역사 학원은 못 봤는데 한자랑 중국어 학원은 종로 가도 많아.

그건 중국 역사 교과서를 대강 해석할 수 있는 정도만 공부한 것뿐이야.

회화는 할 줄 모르고 시험도 한 번 본 적 없어.

기껏 학원 보내 줬더니…. 잘났다~!

반면에 난 운전면허증이 있는 능력자지.

장롱면허는 인정 안 해줄 거야~

와하핫·

129

하하-
그래 믿을게.

그 경험도
귀농에 도움이
되겠어.

그때 천연농법도
많이 익혔으니까

커피찌꺼기
버섯재배

계란껍질
천연농약

쌀밥으로
미생물 배양

필요할 때
알려줄게.

그렇지!
교수님과 계속
연락하고 지냈거든!
혹시 어려운 일이
있으면 도움을
받을 수 있을 거야!

잠깐 잠깐-
네 역량만 갑자기
마구 불어나잖아-

질 수 없다!
나는 백수되고서
커피랑 브런치
만드는 법을 배웠고

어쩌면 관련 기술을
더 연마해서 카페를
운영할 수도 있을 거야!

흠- 좋은 생각이기는 한데
카페를 운영해도 우리가
직접 커피를 농사짓지 않으면
얼마나 의미가 있을지는
잘 모르겠어.

우리나라에서는
커피 재배 못하지?

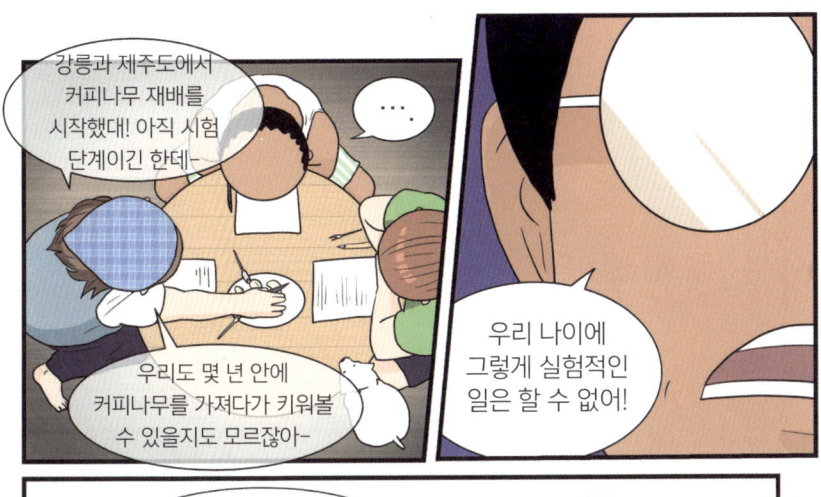

14화 **나의 아빠 이재석 씨**

한때 날렵한 턱선의 소유자였지만

취직 후 거래처 응대가 잦아지면서 일찌감치 배가 나오고 머리가 벗겨졌다.

하지만 보험업을 택한 건 순전히 내 의지였다.

교원 자격증이 있었고 임용시험에도 합격했지만

내가 수학교사가 됐다면 우리 딸이 수학을 좀 잘했을까?

당시엔 보험업의 전망이 더 밝다고 판단한 거다.

IMF로 명예퇴직을 할 줄 누가 알았겠어?

그래도 몇 달 지나지 않아 회사는 나를 다시 불러줬고 그때부터는 유사계약직으로 부서를 옮겨다니며 근무했다.

실적에 따라 임금을 받으면서 많이 벌 때도 아닐 때도 있었지만 어쨌든 나는 항상 도시의 한복판에서 당당하게 자리를 지켜왔다.

00생명

돌 돌 돌

돌 돌 돌

그것도 올해 말까지겠지만….

내 나이가 그렇게 많나?

뭐 지금까지 월급은 꼬박꼬박 받았으니….

세대를 입력하세요
3_

1 2
4 5 6
7 8 9

꾸욱

아부지! 일찍 오셨네요!
아들이 어김없이 휴가를
나왔지 말입니다!

뭐냐 한 달도
안 됐는데 또?

끼이잉

우린 보란 듯
귀농준비를 시작했고

아빠도 일찍 오셨으니
치킨을 먹는 건 어떨까여?

니가 살 거야?

아니 누나가….

아니 니가.

히히

철컥

그래서 은퇴는
오히려 설렜다.

다녀오셨어요~

우리 아들은 말년병장이라 좀 한가한가 보지?

치킨 먹고 싶어서 자주 나오고 있습니다. 아부지.

왈왈

속닥 속닥

마이 걸 뭐 하고 있었어?

숙제 해. 꽃차 만들기 숙제.

아 벌써 수업 시작했나?

오늘이 첫 수업이었어. 운 좋게 시기가 딱 맞았네.

잘됐네. 나 씻고 나올게.

찌이이

푸~어흥

그랬는데…. 쭉 그랬음 좋았을 텐데.

백지를 앞에 두고
나를 곱씹어볼수록
불안함에 아무것도
쓸 수가 없었다.

자격증? 잘하는 것? 좋아하는 것?

업무 효율을 높이려 딴 관련 자격증-
부장님과 치기 위해 배운 골프….

소파가 왜 이렇게 어지러워!
내 자린 줄 알면서 이래야 되나?

직장에 녹아 있는 내 인생만 더욱 선명해져서

같이 쓰는 소파에 자기 자리가
어딨어? 저 신발장 위 본인 물건이나
좀 치웠음 좋겠네.

치이…!

마치 이 일을 그만두면 나는

곧 쓸모없는 사람이
될 것 같았으니까.

이 책들은….

아 그거~? 이것저것 대강
도서관에서 빌려왔어.

웬일로 책을
다 읽어보시게?

날 무시하다니~

하암~

몇
분
후

커ㅡ엉

…

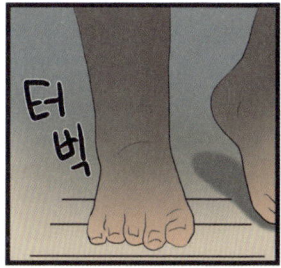

터벅

팍

웅

짙은 안개로 인해
출근길 곳곳에 정체가
이어지고 있습니다.
올림픽대로 현재
강 동쪽으로 속도가···

···

응?

날씨입니다.
오늘은 전국이 대체적으로
흐리고 군데군데 비가 오는
곳이 있겠습니다.

바람이 다소
강하게 불겠으므로
평소보다 두꺼운
외투 하나를···

챙겨 볼 귀농 관련 TV · VOD

성공사례 → 〈도시를 벗어나라〉대

다양한 생활상
→ 〈끝까지 가보자〉○

산중생활 · 건강 · 자연
→ 〈나는 산사람이

꾹

오늘은 충청북도에서 평생의
취미를 살려 큰 돈을 벌고
있는 한 농가를 찾아갔습니다.

반갑습니다~!
제가 소문을 듣고 찾아왔는데요.
도대체 어떤 일로 얼마나 많은
수익을 창출하시는 겁니까?

비밀은 이
안쪽에 있습니다!

141

먼저 일어났네~?
오늘 아침은
계란국이야.

뭐? 에이-
또 그거야?

불만 있어?

없습니다….

귀농 프로그램
보고 있었네.

재밌으면 아침에
하나씩 챙겨보고 가.

후루룩

응.

그럼 늦지 않게
출근해~ 난 이만
다시 들어가 잘게~!

♪

♪

덩실

덩실

잠깐만 지은 엄마,
가발 붙여주고 가야지!

하지만 은퇴 후에도 어쨌든
나는 계속 살아갈 것이다.

몇 년 전에 이곳으로
귀농한 이씨에게
가장 힘들었던 건

직장이 정말 나의
전부였을 리가 없잖아?

앗차! 커피랑
샌드위치 사가야
하는데!

시간을 거슬러
다시 그날.

난 엄마 아빠가 늙었다고
생각하지 않아….

나도 마찬가지야.

그만 들어와라.
저런 모습 보이고 싶지
않을 거야.

엄마?
이거 봐봐.

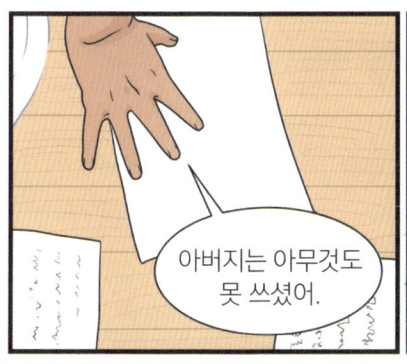

아버지는 아무것도
못 쓰셨어.

그러고 보니… 그럼
설마 이것 때문에?

……

이제 좀
이유를 알겠네.

아빤 지금
은퇴를 계기로
진통을 겪고
있는 거야.

좋아하는 거나 잘 하는 것, 하고 싶은 일
같은 건 지금껏 아빠 인생에서 고려해볼
기회가 없었을 테니까.

그치만- 아버진 장남이라
가난한 형편에 대학 다닐 정도로
대우받고 살지 않았나?

그런 걸 고려하지 못할 환경은
아니었을 것 같은데

엄마가… 여자란 이유로…
아무런 선택권이 없었던 걸
생각해보면…

아들…!

울지 마….

아 붙지 마요!

장한 녀석! 내가 널 참 잘 키웠다! 이리와 뽀뽀해주께!

으으–! 하지 마 엄마!

하지만 아빠 역시 자신을 돌아볼 만한 환경은 못 됐단다.

난 아빠가 아니야...

찢어지게 가난한 집에서 장남으로 태어난 아빠에게 허락된 마음가짐은

가족을 부양해야 한다는 책임감.

그 아래서의 선택은 '나'라는 존재보단 형편에 맞춘 것이어야 했을 거야.

게다가 살아가면서 더 많은 돈이 필요할수록 그만큼 많은 시간을 일에 할애해왔어.

그러니 우리가 이 종이에 뭔가 채워가는 동안 아빠 무슨 생각을 했을 것 같니?

다 내
잘못이야!

이런 건
왜 해 가지고!

아빠가 여태까지
잘못 살았다고
후회라도 하면
어떡해?

다 열심히 살기 위해
일한 건데….

헛된 게 아닌데….

오버하지 마. 엄마 말대로면 아부진
그런 고민 처음이라 당황하신 거고

만약 좀 후회하고 계셔도
그건 그것대로
나쁘지 않잖아?

맞아. 이젠 시대도 형편도 일만 하고
돈만 벌면 만사 OK인 환경이 아니잖니.

게다가 은퇴하면 온전히
본인한테만 시간을 쏟아야
할 테니까 이건
좋은 계기가 될 거야.

그럼 우리가 돕자!
자기 성찰에 서투른 아빠가
새로운 자신을 잘 발견할 수
있도록!

*Don't try this at home.

지우의 충고를 받아들여 우린 아빠를 간접적으로 지원하기로 했습니다.

먼저 아빠를 면밀히 분석하고.

평소에 관심 있어 했던 것 같은 분야의 다양한 매체를 접할 수 있게 하기로 했죠.

그래서 저는 책을 빌리기로 했어요. 이럴 때 책만큼 전문적이고 재밌는 것도 없으니까요.

＜재석 씨의 동선＞

유효한 장소에 책을 놓아둡니다.

이제 아빠의 평소 동선을 고려해서

실은 이걸로 엄마랑 내기를 했어요.

아빠가 만약 책을 한 권이라도 다 읽으면….

…읽긴 뭘 읽냐!

푸 풋

와아악

크엉크

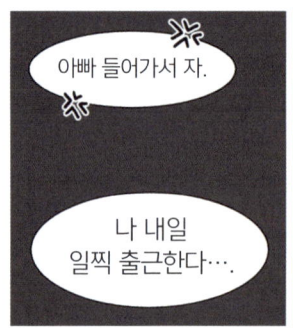

아빠 들어가서 자.

나 내일
일찍 출근한다….

서론도 다 못 읽고 잤어!

책은
소용없다니깐?

잘 봐라. 이것이 함께 20년
이상 부부로 산 자의 내공.

뭔데? 엄마는
뭐 준비했는데?!

탓

TV

!

다음 날 아침

꿈뻑

• • •

귀농한 지는 한 10년 됐어요.
처음부터 돈을 잘 번 건 아니었죠.
실패를 수십 번 했습니다.

버섯을 이렇게- 습도를 맞춰서-

만 원 내 거~!

속닥속닥

덩실

잠깐 지은 엄마
가발 붙여주고
가야지!

달칵

웽

패 배

책은 마음의 양식이다….

16화 안녕하세요!

귀농 결심부터 지금까지 약 9개월.
많은 일들이 있었어요.

2015.01 막금씨와 친구들
노후를 함께 보내기로 결심.

2015.05 막금·옥순
귀농을 염두에 두고
매물 탐색.

2015.05 친구들과 의견 차로
다툰 후 화해. 금순씨의
귀농 불참 결정.

2015.06 괴산 땅 계약 실패
새로운 가족이 합류.

귀농 잘 되시길
바랍니다.

땅 잘 가꾸며
쓰겠습니다.

2015.07 문경 땅 계약.
동업계약서 작성.

2015.08 망초대 제거 및
귀농 박람회 방문.

다들 새로운 마음가짐을 굳게 했건만 아직까진
생활 전반이 크게 변화하진 않았어요.

아직 농사를 짓지 않는데도
대지는 벌써 우리에게
많은 것을 베풀고 있고

하지만 적어도 밥상에서 만큼은 조금씩
귀농한다는 실감이 들기 시작했어요.

화장실 터를 파다가 발견한 칡↑

수확물들은 훌륭한 요리가 되어
식탁에 오르고 있죠.

그러니 이 상황에 불만이 생긴 건

뿌우-

우리 둘뿐일지도.

엄마 내가
고기 사올까….

있는 것부터
다 먹어야지!

그리고 어느새 10월.

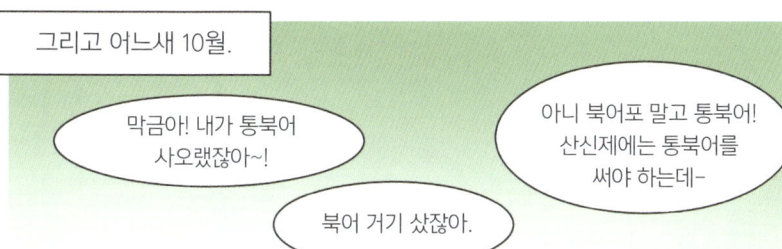

막금아! 내가 통북어 사오랬잖아~!

북어 거기 샀잖아.

아니 북어포 말고 통북어! 산신제에는 통북어를 써야 하는데-

겨울에 이장/벌목과 같은 큰일을 앞두고 있어서 오늘은 먼저 산에 제사를 지내기로 했어요.

호랑이 산신령님 고라니를 만나보고 싶은데 어떻게 안 될까요?

걔-걔는 날 보면 도망가더라고. 미안.

자 한 번씩 다 절했지?

남자들만 음식 들고 산 중턱으로 이동!

제사 지낼 동안 산 쪽은 보면 안 되는 거 알죠?

오케이

아들들은 떡 운반해라.

떡 정도야!

무슨 떡이 이렇게

무식하게 크다냐?

왜 우리만 이걸 들어야 합니까?!

말년병장은 군대에서도 이런 거 안 한다!

산신께 고합니다….

비록 거창한 축문은 없으나

저희 다섯 가족, 올해 여름 부로 이 땅과 인연을 맺어

남은 생을 행복하게 보내고자 합니다.

저희가 하는 일이 모두 산신님 마음에 들지는 않으시겠지만

부디 너그러운 마음으로 저희가 순조로운 새 출발을 할 수 있도록 지켜봐주십시오.

앞으로 이 땅에서 선조들의 지혜를 따라

사람을 위해 하나

땅 위의 동물을 위해 하나

땅속의 벌레를 위해 하나

3개의 씨앗을 뿌리는 농부의 마음으로

모두와 더불어 살아갈 것을 맹세합니다.

160

아직 아무도 쓰지 않은 화장실을 쟁탈하려는 전조가 보이고 있었습니다.

한편 이 신성한 순간에 산 밑에서는….

누군가가

저 화장실에 뭔가 싸지르기 전에

반드시 내가 먼저

깨끗할 때

볼일을 봐야 한다!

제사 다 끝났다!
마을에 떡 돌립시다!
덜덜
빤-
덜덜
뉘여?
끄암짝
통
가통
안녕하세요! 곧 이사 오는 집 딸인데요! 오늘 떡을 해서 드시라고 가져왔습니다!
꾸
벅
요즘 마을 시끄럽구로 하는~? 갸 맞지여?
아- 죄송해요…. 그동안 너무 시끄러웠나요….

17화 쓸쓸한 집

….
역시 너무
지저분허지?

차라리 내년에 시에서 하는
주택 지원 사업 같은 거를
신청해보는 게….

아니에요. 신청한다고
해도 바로 선정된다는
보장도 없고-

저희도 당장
묵을 데가 필요하니까-
일단 둘러볼게요!

하핫

지우야.
여기 봐봐~

아궁이가 있어!
신기하다 그치?

오 멋있다아~

여기는 온돌방인가 봐!
이 평상도 닦으면
쓸 수 있겠다!

사람이 살지 않으면 집은 계속 망가지니까. 별거 아닌 것 같아도 꼭 필요한 일이지.

여길 살 만한 곳으로 관리해주는 것! 마을에 폐가가 꽤 많은가 봐.

마을도 마찬가지야. 너희도 오늘 돌아다니면서 대강 눈치 챘겠지만 우리 마을엔 이미 이런 폐가가 많아.

괜히 동네가 텅 비어 보이는 게 아니야.

사람들이 꾸준히 이사오지 않으면

결국 모두 사라져 버릴지도 모르지….

마을에 그렇게 폐가가 많단 말이야…?

난 그저 마을 사람들이 날씨가 쌀쌀해져서 밖에 안 나오는 줄로만 알았는데….

진

지

시끄러버서 사람 사는 맛이 나드라고.

그래…. 할머니 말씀에서 어딘가 쓸쓸한 느낌을 지울 수 없었던 건…

그렇게 충격적인 모양새였던 이 집은 곧 갖가지
매력으로 우리 농원 식구들의 마음을 사로잡았습니다.

마을 한가운데 있어
이웃들과 안면을 쉽게 틀 수
있다는 이 집의 장점을
마음에 들어 하셨고

농원

빌리는 집

어른들은 몸을 지질
따끈한 온돌방과

저는-

우오오오!

야옹아 너
이 집 살아?

야옹-

얘 만화에 나오는
갑힐드 닮았다!

갑힐드라고 부르자!

닮긴 닮았다~!

갑힐드
이리 와 봐~

왕도도

뭐야~ 고개를
돌렸어-?

이 고양이는 할머니들이
많은 동네에 살고 있잖아.

아마 이미 정해진
이름이 있을 거야.

어떤 이름?

나비들아 오늘은 할 게 많으니까 저기서 고구마랑 물이랑 챙겨 먹어.

냐- 냐 그르릉

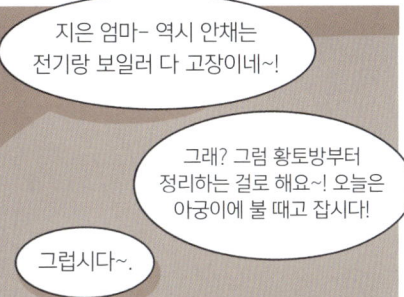

지은 엄마- 역시 안채는 전기랑 보일러 다 고장이네~!

그래? 그럼 황토방부터 정리하는 걸로 해요~! 오늘은 아궁이에 불 때고 잡시다!

그럽시다~.

끼이- 이

덜컥

…

열심

박삭삭

뭐야 이거… 나도 청소하고 싶단 말이야-

아기 보는 게 나한텐 더 힘들다고!

하-싫다 싫어…
애 보는 걸
떠맡다니….

중얼 중얼

흥

어어-! 예림아!
아니야! 이모가
잘못했어!

엄마아

왜 애를 울려~
얼른 데려와~!

나 아무 짓도
안 했는데!

으아아   아앙
으와아 아앙
엄마!!

거기 서!!!

18화 마을 소년

이런 애기 얼굴이
다 흙투성이가 됐네!

잠깐만
기다려!

형?
형 맞죠?

누나야.

아- 누나.
휴지 같은 거
있어요?

휴지?
잠깐만-

그날 밤

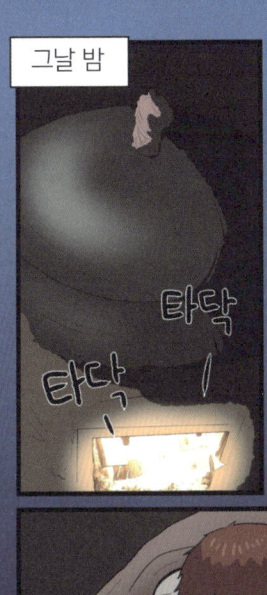

냥ㅡ

냐앙ㅡ

타닥

타닥

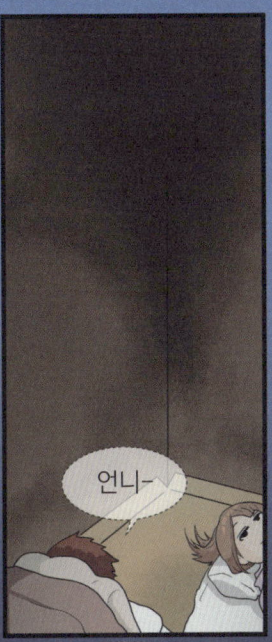

언니ㅡ

저기ㅡ 언니는
남자 친구랑 어떻게
만났어?

왜? 너 좋아하는
사람 생겼어?

아니
그건 아니구….

낮에 동네 꼬마랑
부딪혔는데ㅡ

▷▷▷

어느새 그게 너무
부럽다 생각을….

와아ㅡ 우리 조카가
벌써 첫사랑을
만났나?

183

나도 연애해보고 싶은데~ 지금껏 이 사람 저 사람하고 썸만 타다가~

내 큰 키 때문에… 도망가는 거 아닌가 겁나서 고백도 못 해보고~

흐음… 그랬구나…. 나도 이번 연애를 하기까진 모태솔로였어.

쓸데없이 연애지식만 가득해서는 실수와 억측을 연발했지.

그땐 정말 용기 내기 힘들더라. 거절 당할까 두렵고.

난 나름대로 좋아한다는 신호를 잘 보냈다고 착각했고~

토요일에 영화 보러 같이 가고 싶은데….

날 좋아한다면 옆에 앉아서 졸 리가 없어~

남자 친구도 마찬가지로….

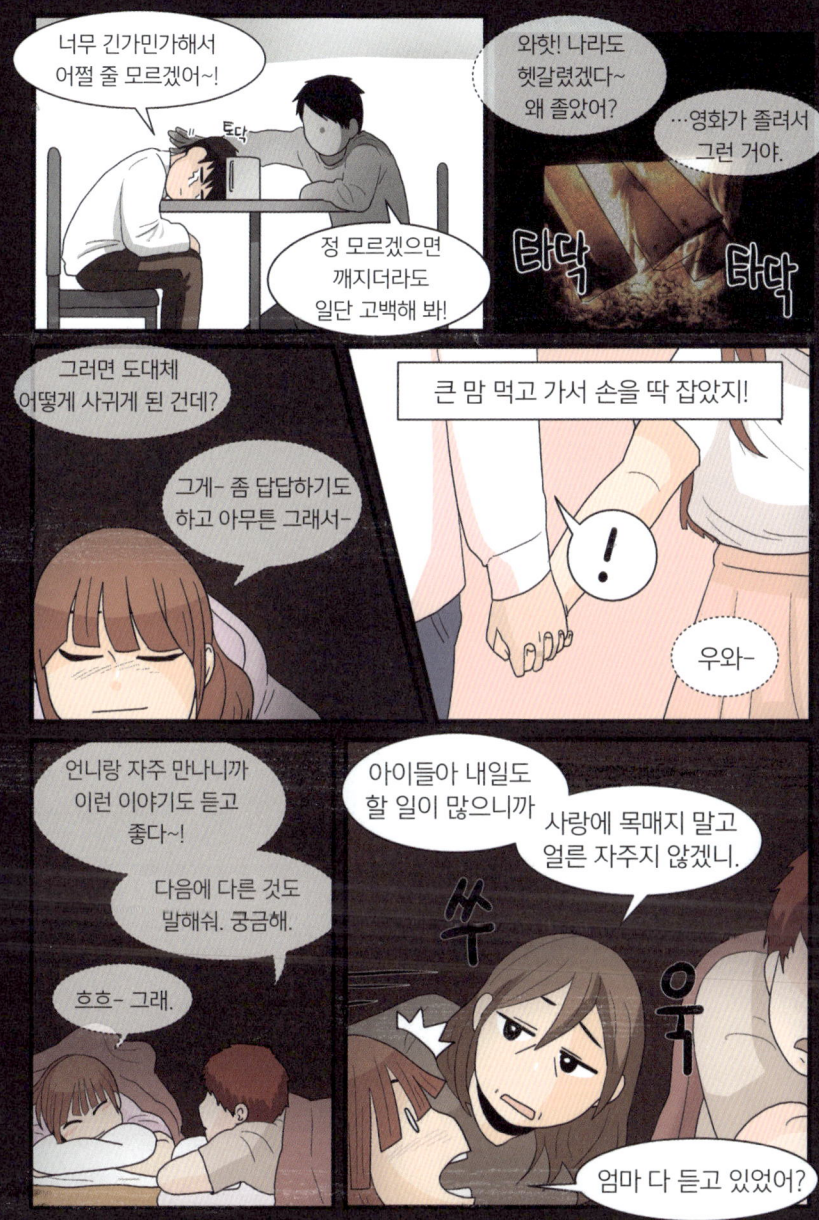

게다가 난 네가 그 애를
더 많이 좋아하는 것 같아서
마음에 안 든단 말이야.

쳇

같은 방에 누워 있는데
어떻게 못 듣니?

나도 내 딸과 사귀는 남자가
그냥 마음에 들지 않는다.

불

쑥

엄마 왜 그래
나 아직 아무도
없는 데에-!!

엉
엉
엉

다음날 아침

후우

아궁이에 불을
너무 오래 땠나 봐~

너무 뜨거워서
옮겨다니느라
잠을 설쳤다니까.

까득

까득

186

자 그럼 오늘은 대청소 2탄!
주인 어르신 쓰시던 가구들을
큰 방에 들여놓기로 해요.

킁킁

이제부턴 낮에
두 시간 정도만 때놓고
바닥을 식히자고.

아 힘써야 하는 거면
오늘은 저도 일할래요.

애 보는 게 더
힘든 것 같아요….

그리하여….

꿈뻑

꿈뻑

19화 친구 할래요?

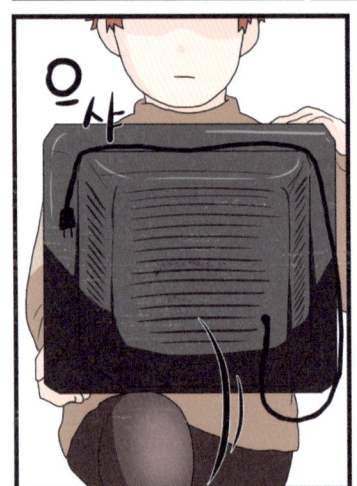

동네에
아이들이
없니?

주언아…. 그럼 주말에
누나들이랑 가끔 같이 놀까?

누나들이랑?

나 말고도
운동 잘하는 누나도 있고.
주언이가 궁금해하면
태권도 사범 누나도
놀러 오라고 할게.

평소엔 형이랑 재밌게
놀다가 주말엔 더
신나게 놀자, 어때?

그 누나들
오늘도 왔어요?

운동하는 누나는
와 있어.

\<농촌의 자녀지원정책\>

농촌 지역에는 아이가 드문 경우가 많습니다.

인구란 지자체의 존립과 관련되므로 각 지방정부에서는 다양한 자녀지원정책을 마련하고 있어요.

이런 정책은 임신을 계획 중인 사람들뿐만 아니라 이미 자녀가 있는 사람들의 유입을 장려하는 것이기도 하죠.

여기서는 문경시의 정책을 예시로 알려드릴게요.

\<경상북도 문경시의 자녀지원정책 예시(2019.1기준)\>

1. 출산지원
   관내 주민등록하고 실제 거주하는 부모가 출산일로부터 3~12개월 사이 주소지 행정복지
   센터에 신청
   -지원금액: 첫째 340만 원/둘째 1400만 원/셋째 1600만 원/넷째 3000만 원

2. 영유아 보육료 지원
   -지원금액: 0세 45만 4천원부터 연령별 차등지급

3. 영유아 가정양육 수당 지원
   -지원금액: 월 10~20만 원 연령별 차등지급

4. 농어촌가정 양육수당/아동수당
   양육수당: 농어촌 지역에 거주하며 어린이집 미이용하는 아동에게 소득수준에 관계없이
   지원
   아동수당: 만 6세 미만 아동 1명당 10만 원 매달 지급
   -지원금액: 12개월 미만 20만 원부터 연령별 차등지급

5. 농업인자녀 학자금지원
   -지원대상: 농촌지역에 거주하는 농업인 중 고등학교에 재학 중인 자녀
   -지원금액: 재학 중인 고등학교 수업료 및 입학금 전액

6. 농가도우미 지원
   -지원대상: 출산/출산예정 여성 농업인
   -지원내용: 90일간 1일 도우미 5만 원의 80% 금액 지원. 영농 작업 대행

'고모님' 국진 씨의
먼 친척 어른

할머니는 우리 할머니에요.
어- 근데 난 할머니가 있는데?

할머니보다 할머니가
더 커서 왕할머니라고
부르는 것 같아요.

맞지 형?

어어-

아 니들이 그럼!
형님네 손주들이구나!

해주야! 나와 봐!
친척 꼬마들이 왔네!

친척 '꼬마'?

우와아-

아직요. 지금 집 열심히 치우고 있어요.

새댁 아니에요

함 깨끗하게 치워봐여.

여가 원래 동네 사랑방이라. 할망구 아파서 떠나기 전에 우리도 여서 마이 놀았지.

저 평상서 화투 치고 놀던 게 엊그제 같은디….

세월이 무상해. 벌써 그기 몇 년 전인가.

다들 줄줄이 세상을 뜨니….

이젠 내 차례여-

이만 가자고~ 궁상맞게 울고 그려.

울쩍

어르신들!

깨끗하게 잘 치워놓을 테니 전처럼 편하게 들러주십시오.

고생해여.

<**'귀농' 미리 체험하기**>

이 만화의 주인공들은
땅을 구입하는 것을
귀농 준비의 첫 단계로 삼았어요.

하지만 이 방법은 이웃들과 불화,
자금난, 적합하지 않은 작목 선택 등
예기치 않은 문제가 생겼을 때 귀농지를
쉽게 옮길 수 없다는 단점이 있습니다.

그래서 많은 전문가들은
귀농 실패 확률을 줄이기 위해서
귀농 예정지의 생활을 미리
체험해볼 것을 권장합니다.

<귀농 체험 예시>
1. 체험 행사를 이용
 : 최근 들어 예비 귀농인들을 위한 단기/장기 농촌 체험 행사가 많아지고 있다.
   지자체별 체험 행사, 개별 농가의 단기 체험형 관광, 귀농귀촌교육센터의
   교육과정에도 체험실습이 포함되어 있으므로 이를 적극 이용하자.
2. 귀농 예정지에 장기간 체류
 : 주거지와 땅을 임대한 후 실제로 살아보는 방법이다.
   이사만 안 했다 뿐이지 적은 자본으로 귀농 생활을
   똑같이 경험하고 가능성을 판단할 수 있다.
   다만 귀농지에 친지가 없는 경우 임대 정보를 얻기가 쉽지 않다.
   이 경우 귀농귀촌교육센터의 '빈집 정보' 코너를 이용하자!
3. 체류형 농업창업지원센터
 : 농식품부에서 운영하는 대규모의 체류형 농업 센터.
   1년 동안 가족과 함께 센터에 입주해 교육을 받으며 귀농 준비를 할 수 있다.
   17년까지 전국 7개소가 설립된다.
   (금산, 제천, 홍천, 구례, 영주, 고창 운영/함양, 영천 운영 예정)

21화 나 홀로 집에

노니야… 무거워….

다른 데서 자면
안 될까….

집에 혼자 있는 게
더 무서워…. 지우도 없고….

역시 그냥
집에서 쉬는 게
좋지 않았을까?

약을 먹어도 감기가
더 심해지는 것 같아.

아직 보일러를
못 고쳐서 방이
찰 거야.

다행히 고모님 댁에서
임시로 본채에 전기를
끌어왔으니까

황토방 데울 동안에
전기장판에서 꼼짝
말고 누워 있어.

몇 시간 후 문경

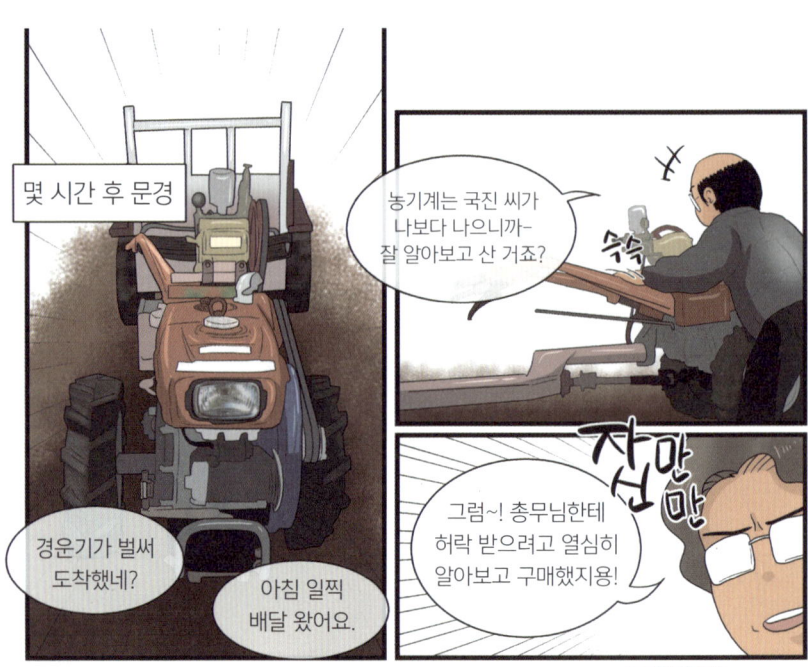

경운기가 벌써 도착했네?

아침 일찍 배달 왔어요.

농기계는 국진 씨가 나보다 나으니까~ 잘 알아보고 산 거죠?

그럼~! 총무님한테 허락 받으려고 열심히 알아보고 구매했지용!

잠만만

열심은 무슨! 중고로 산다고 우겨서 수리비만 얼만데!!!

이런 식이면 농기계 구매는 이번이 마지막인 줄 알아욧!

그럴 수가...

그럼 밭에 다녀올게!

안에서 좀 쉬고 있어!

응. 그게 경작 증명을 받으려면 이장님 사인이 필요하더라. 벌목 건은?

분묘 이장 공고 기간이 거의 끝나가서 내일 산림 조합 사람들이 한번 방문한다고 그러네.

참 경숙이가 송년회를 여기서 하자던데.

오 좋은 생각이다.

그래서 말인데 다들 황토방에서 잘 수가 없으니까 본채에 보일러나 전기 패널을 미리 설치해야 할 거 같아서.

휴- 그래. 잘 알아보고 싸고 괜찮은 걸로 하자.

왜 한숨을 쉬고 그려~

내가 총무라서 그런가 계속 돈 나가는 것만 보이네~

설마….

문을- 닫아야 해!

흐아아!

쾅

탁

이 집은 보안장치가
왜 이렇게 허술한 거야!

연결이 되지 않아
사서함으로 연결됩

산 아래는
아직 전화가
터지지 않아!

어떡하지-
차라리 아까 옆집
왕할머니한테
갔어야 하나-

덜

덜

그래…
밖에 아무도 안 보이면
노니 데리고 할머니 댁으로
뛰어서 가는 거야-!

헉

안 돼-
정신-차려…

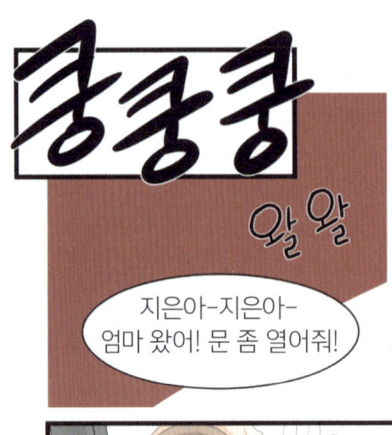

쿵쿵쿵

왈 왈

지은아! 대문은 왜 막아났어?

왈!

지은아–지은아–
엄마 왔어! 문 좀 열어줘!

엄마!!!

무슨 일이야?
빨리 문 열어 봐봐!

왈 왈

저번에 지은이가
봤다던 그 남자가
분명하대?

얼굴을 정확하게
본 건 아니지만
그 사람이 마당 안까지
들어왔다는 거야….

그치만 얘가 그걸 어떻게
옮겼는지 몰라도 대문이
통나무로 막혀 있어서
우리도 넷이 겨우 밀어서
열었잖아요.

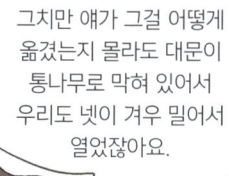

어쩌면 그 남자를 본 건
꿈에서였을지도-

그래. 그때 노니가 짖진 않았다니까
아마 아프고 불안해서
헛것을 본 게 아닐까?

하아-
그런 것보다도-

도시에서건
농촌에서건

왜 내 딸이 이렇게
불안해해야 하는 거냐구-

<農기계임대>

農기계 구입 비용은 초기 귀농 비용에서
상당히 큰 비중을 차지해요.

필요하다고 이것저것 사다 보면
나도 모르게 통장이 비어버릴지도…!

<農기계 임대 사업>
지역마다 명칭은 조금씩 차이가 있지만,
'농업기술센터' 또는 '농기계 임대은행'에서
농기계 임대 사업을 하고 있다.

이앙기, 제초기, 경운기, 로타리 등 일반적인 농기계뿐만 아니라
센터에 따라 감자수확기/고구마수확기/콩탈곡기/농업용 굴삭기와 같은
보다 전문적인 기계들도 있으므로 필요에 따라 임대하면 된다.
새로운 장비들도 계속해서 입고된다.

22화 굴러온 돌

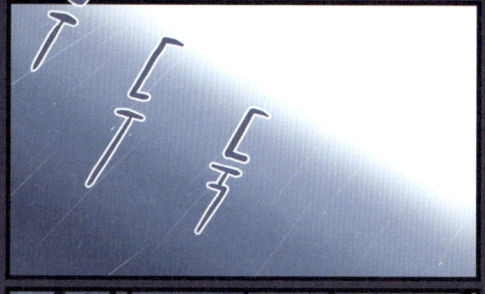

잠 못 잤어?

조금 설쳤어.

이곳에 귀농하려는 게 잘못된 선택이 아닌가 그런 생각이 자꾸 들어서….

그 남자. 이 마을 사람일 텐데. 앞으로 어째야 하지….

아직 아침밥 하기도 너무 이른 시간인데. 어제 일 때문에 그래?

4:16

밤늦게 화장실을 가려고 손전등을 들었는데 말이야.

딸깍

저 담벼락. 발자국이 선명하게 찍혀 있었어.

저 통도 지금은 내가 옮겨졌지만.

어젠 담 밑에 거꾸로 뒤집혀 있었고.

밟고 나가기 좋게.

그-그럼 정말로 들어왔었다는 거잖아!

응. 집이 조용하니까 아무도 없는 줄 알고 들어온 것 같아.

그러고 나서 휴지 묶음이 없어졌어…!

롤 티슈

16개입

다른 건 전부 그대로인데 그 휴지 묶음만 사라졌다고…!

야 그건 좀 이상하잖아….
어떤 도둑이 다른 건 손도 안 대고
하필 두루마리 휴지를 가져간단
말이야? 집집마다 빠짐없이
있는 물건인데!

그러니까. 정말 희한하지 않니?
뭘 훔치려고 했다기보다 도둑이
들었었다고 일부러 알려주는
것처럼 보인단 말이야!

하지만 그 이상은
나도 감이 잡히지가 않아.

아니면 우리한테
불만이 있는
사람인 걸까?

나도 모르겠어.
땅 산 지 얼마나 됐다고
이런 일들이 일어나는 건지.

누군지 알아야 따져보기나
할 텐데. 앞으로 더 심한 해코지를
당할까 봐 그게 걱정이다.

산림조합에서 나왔슴다!
이국진 씨나 이재석 씨
계십니까?

여기요!

꽤 오랫동안 사람 손을
타지 않은 산인가 보네요.

수령도 수목도 적당하고.
저희가 베어가는 데에는
문제 없겠습니다.

어디까지
벌목하실 건지
계획은
세우셨나요?

구획을 미리 표시해두시면
저희가 혼란 없이
일할 수 있을 겁니다.

집터랑 과실수 심을 자리가 필요해서
산 중턱 즈음으로 생각하고 있습니다.
정확한 영역은 좀 둘러보고 정해야 할 거 같아요.

쓸데없다뇨…. 여긴 저희 땅이고- 저희도 이사 오면 먹고살 방도를 마련해야 하니까….

맞아요. 필요한 만큼만 자르고 다시 조림도 할 겁니다.

'저희 땅'? 저건 마을 산이요. 누가 뭘 갖다 쓰든 아무도 뭐라 할 수 없는 그런 땅이라고.

그럴 리가요. 여긴 아주 오래 전부터 사유지였습니다. 전 주인 양반이 관리할 시간이 없었던 것뿐이구요.

아아 됐어요. 듣기 싫으니까 그런 얘기는 그만두쇼.

저기. 그러니까 아까 드리고 싶었던 말씀이 바로 이 땅에 관한 거거든요.

그리고 거기 내 땅에서 발 좀 치워주겠소?

반짝

<벌목과 분묘이장-①>

산을 포함한 임야를 구입한 경우 종종 집터 등을 마련하기 위해 벌목을 하기도 하죠.

벌채의 종류와 과정이 복잡하므로 미리 벌채 허가권이 있는 각 지자체에 상담하는 것이 좋고

허가를 받으면 산주가 직접 해도 상관 없지만 대개 벌채 규모가 크므로 대행기관에 의뢰하게 됩니다.

<벌채의 과정>

상담하기

지자체 등에 상담하여 벌채의 규모와 수종, 수량, 가능성 등을 확인 → 필요한 서류를 확인 후 지자체에 제출/허가 받기 → 직접/대행기관에 의뢰하여 벌채 → 산주는 벌채 후 3년 이내에 나무를 심어야 하는 의무가 있음

웃차~

조심하세요.

왜. 뭐라고 하던가?

네…. 상당히 적대적이더군요.

웃사

그 집 부부가 외지인 대하는 태도가 그렇다네.

신경 쓰지 말게. 한두 번 있는 일도 아니니까.

하지만 식구들 걱정이 이만 저만 아니에요. 최근에 좀 의심스러운 사건도 있었고.

게다가…. 다짜고짜 시비를 걸어오니 저도 그만 욱 해버렸지 뭡니까.

안 그래도 땅 문제는 민감하니까

조심스럽게 말하려고 했는데-

차라리 잘됐네!

호락호락하지 않은 사람이라는 것을 보여줘서 오히려 다행이야!

그-그런가요? 이웃이니까 아무래도 잘 지내는 게-

이봐. 어느 동네든 외지인을 싫어하는 사람들이 있어.

그 시각 산에서는

또에욧!?

네. 이것도 무덤으로 보는 것이….

??

잠깐만욧! 벌써 추정한 수보다 훨씬 많아진 데다가~

그러니까~ 보통 추정지에서는 유물로 추정되는 것들만 발견되기도 하고

육안으로 보이는 게 없어도 흙이라도 일부 옮겨서 보관하게 됩니다~

방금 전 무덤에선 해골 조각이라도 나왔지만

여긴 동전 한 닢밖에 없잖아욧!

무덤 수가 역대 급이다….

<벌목과 분묘이장-② 분묘이장(묘지정리) 작업>

산지를 구입하면 곳곳에 생각지도 못한 묘들을 발견할 수 있어요.

대부분 관리가 되지 않아서 이게 정말 무덤인지 아닌지도 알기가 쉽지 않죠.

하지만 땅을 정리한답시고 함부로 무덤과 그 추정 지점을 개장해서는 안 됩니다. '분묘기지권' 때문이에요.

우어어

<분묘기지권과 분묘이장 절차>

1. 분묘기지권
: 남의 땅에 몰래 무덤을 만들었더라도 자리 잡은 지 20년 이상이 흘렀다면 '지상권'을 인정.
  따라서 20년 이후엔 땅 주인이 발견했더라도 마음대로 이장 처리 하지 못한다.

2. 분묘이장 절차
1) 연고자가 확실한 경우
  : 연고자와 이장에 대해 합의가 필요. 땅 주인이 합의된 이장금액을 건네면 연고자가 이장 처리.
2) 연고자를 알 수 없는 경우(전문적인 분야이므로 대행사에 의뢰.)
  ① 무덤의 개수와 위치 등을 식별한다. (위치, 번호를 알 수 있도록 촬영.)
  ② 지자체 홈페이지와 일간신문에 분묘개장을 공고한다.
  ③ 연고자가 나타나면 1)과 같은 절차를 밟고 나타나지 않으면 ④번으로.
  ④ 필요서류를 관청에 제출하고 묘지개장 작업을 실시한다.
  ⑤ 무연고 분묘에서 나온 유해 또는 물품은 납골당에 안치하여 10년 동안 관리한다.

태권도
사범님이시다!

내가 바로

너희가
그 녀석들이냐!

언니들은 늙어서
너희랑 노는 것도
힘들었다지만!

나는 다르다!

잘 봐라.

그야 뭐. 지우는 앞으로 귀농 일 도우면서 용돈 벌기로 했다며~ 그치만 난 앞으론 이쪽으로 아예 의욕 없어도 될 거 같은데?

흥- 넌 어차피 근래엔 잘 오지도 않았잖아.

헤헤헤헤- 나 엄~청 바쁠 수밖에 없었다구.

실은 나….

취직했다!!!

부끄-

폐가라더니….
깨끗하게 잘
해놨네….

바닥도
뜨끈하고….

따뜻하지?
전기 패널
깔았어.

어어-!

화장실이 좀
불편한 것만 빼면….
다 꽤 괜찮지 여보?

하하…

응.

그-그럼 나도 좀 적는다아?

참! 있다가 우리 아들 취직 기념 깜짝 파티 하는 거 다들 알지?

읍내 가서 필요한 것만 사오면 되겠다.

케이크는 두 개 살까?

애들한테도 모른 척하라고 미리 당부해뒀어.

그날 저녁

뭐야 그럼 다 알고 있었단 거네- 난 케이크가 나오기에 당연히-

어휴- 야야- 케이크에 촛농 떨어진다! 얼른 불어~!

훌쩍

은퇴 축하합니다! 은퇴 축하합니다!
재석 씨의 새로운 인생! 축하합니다!

뭐해요!
소원 빌고 불어요!

25화 농한기 탐험1

그 후 엄마와 아빠는 은퇴 기념으로

잘 다녀와~!

지금껏 미뤄오기만 했던

아이 잠깐만-
막 찍지 말란 말이야.

나 얼굴 좀 작게
나오게 찍어어~!

해외여행을 떠났습니다.

당신 찍는 거 아니야-

아니야?

그리고 저 역시 누군가를 만나러 전라남도의 어느 마을에 도착했습니다.

와 생각보다 집이 넓은데요?

세 명이 같이 살거든. 쉐어하우스 개념으로.

읍내라서 찾아오기가 어렵진 않았지?

우리가 빌린 집 찾아가는 것보단 훨씬 쉬웠어요.

대학 선배 명민(27)

경북 문경이랬나? 벌써 집을 빌렸구나~

폐가를 빌려 수리했어요.

야 그거 진짜 쉬운 일 아니었을 텐데?

여기. 주스 마셔.

고마워요.

너 귀농한다고 연락했을 때 정말 놀랐어!

어떻게 된 거야?

부모님 따라다니다 보니 그렇게 됐어요.

별 생각 없이 시작했지만 어느새 나도 모르게 진지해지고 있더라구요.

꿀꺽

그러다 보니 제 또래 귀농인들이 어떻게 사는지 궁금해졌어요.

그래 잘 왔어. 주변에 귀농하려는 친구들이 별로 없지?

사실 선배 말고는 한 명도 없어요.

하하 하하핫

나도 그랬어.

우리 나이에 귀농하는 게 보편적인 선택은 아니지.

하- 그래서 나 귀농선언 했을 때 우리 엄마 표정이 진짜 볼 만했는데-!

키히히

뼈 빠지게 벌어서 좋은 대학 보냈더니 뭐가 어째?!

…그런 입장이셔서 설득하느라 애를 많이 먹었지.

그 이후로도 많은 일이 있긴 했지만,

어쨌든 지금은 이 지역 선도농가에서 일을 배우고 있어.

배워보니까 어때요?

흐음

니 창농 공모전 해봤니?

도움이 많이 돼요?

근데 그거 3주만 기다리면 무료로 볼 수 있다~

어질

헤ー

그럼 우리 내일은 어디라도 놀러 가면 안 돼?

나도 가져온 책을 다 읽었어.

언니 마지막 거 다 읽었으면 나 좀.

여기.

그럼 너희 셋이 차 끌고 나갔다 와.

용돈이라도 좀 주랴?

우와 이모 진짜 그래도 돼요?

엄마 얼마 줄 거야?

운전은
누가 할 거니?

다음 날

저요.

나나!!!

잇!

넌 면허 딴 지
한 달도 안 됐잖아.

어딜. 내 차
건드리지 마.

단호

부탁한다.
해주야.

걱정 마세요.

괜찮아?
오빠 운전이 좀
험하긴 하다.

우욱

30분 후

우에엑

본인이
운전하고
토하냐!

오오~ 저기구나!

특별기획
「여섯용이 난다」
촬영 중입니다
조용히 해주세요
서로 찍기 마세요

드디어 여신님을
영접하는 건가!?

오홍홍- 지우야 심세경 씨 그림자라도 같이 찍어줄까~

푹

다 가버렸네~

놀리지 마앗!

그-그래도-

텅

덩

철컥...

발자취만이라도 담아줘.

문경 도자기 박물관

이걸로 술 마시면 기분 끝내주겠다.

술잔이 아니라 차 사발이야.

물 따르면 물잔이고 술 따르면 술잔이지.

꽃차 마실 때 쓰면 좋겠다.

늦은 봄에 차 사발 축제가 있다는데

금하굴

이곳은 견훤의 아버지인 지렁이가 발견된 곳으로-

사아아

오싸

금하굴

헉 헉

누나 우리 돈
얼마나 남았어?

음- 가격 보니까
이 돈이면

적당히 배부르게
먹을 수 있을 거
같은데?

지금이 5시-

어른들도 아직
밥 안 드셨을 거 같은데
남은 돈으로 고기 사 가서
같이 먹을까?

잉?? 너 뭐 잘못했냐?
왜 효자 코스프레야
적응 안 되게.

오빠 주차하다가
이모부 차 박았구나!

아니거든!

엄마
우리 왔어요~!

끼익

척

아직 밥 안 먹었지!!!
이거 봐봐!!!

연고가 없는 지역으로 귀농한다면
이웃들과 잘 사귀는 것 못지않게

내가 살 고장에 정을 붙이는 것도
중요하다고 생각합니다.

여기에선
이 만화의 배경인
문경시를 간단히
소개할게요!

문경의 이모저모

- 개요: 인구 76,000여 명으로 경북과 충청도의 경계에 위치
- 명소: 문경새재, 도자기 박물관, 사극 세트장, 온천, 주흘산, 선유구곡 등
- 특산물: 사과, 약돌한우/돼지, 오미자, 도자기
- 대표적인 축제: 차 사발, 오미자, 사과, 한우 축제.
- 문경 출신의 유명 인물: 견훤(그의 어머니에게 밤마다 수려한 남자가 찾아왔는데 그의
  아이를 갖게 되자, 남자의 정체를 밝히려고 옷에 실을 꿰맸다. 실을 따라가 보니 굴 안
  으로 이어져 있었고 커다란 지렁이 몸에 실이 감겨 있더라. 그의 어머니는 10개월 후,
  훗날 견훤이라 불리는 인물을 낳았다.)
  * 더 자세한 내용을 원하시면 문경시청 홈페이지를 방문하세요!

넘어간다!

흠….

아빠, 어디까지 잘라?
설마 정상까지 싹
밀어버리는 건 아니지?

우우우웅

왜? 안 될 이유라도?
필요하면 자르는 거지.

앙?

아빠! 이 산엔 엄청나게
많은 동물이 살고 있어!
당연히 그 녀석들이 살 공간도
고려해야 하는 거야!

덜 덜
덜

멧돼지나 고라니는?
집 근처까지 돌아다니게
놔뒀다간 우리 농사에
방해가 될 텐데?

아니 잠깐! 멧돼지는 무서우니까 그렇다 쳐도 고라니는 왜?

?

고라니가 멧돼지보다 특별한 이유라도?

???

정말 모르는 거야? 고라니는 귀엽잖아!

똘망똘망한 눈과 동그란 귀 경중경중 뛰는 사랑스런 모습!

경궁

외모지상주의 반대

게다가 난 고라니와 멧돼지 말고도 우리 산에서 '천연기념물' 매나 '멸종위기' 솔개로 추정되는 맹금류를 두 마리나 발견했다구!

척

그때마다 얼른 달려가 안아제꼈으니 망정이지. 아니면 꼼짝없이 잡혔지.

그래도 걱정 마라. 벌목은 산 중턱까지만 할 거니까.

집터랑 과실수 심을 자리만 있으면 충분하거든.

동물들 살 자리를 크게 침범하진 않을 거야.

고…고마워요….

말은 모질게 했지만 사실 나도 더 좋은 해결 방안이 있지 않을까 생각해요.

어떻게든 동물들과 더불어 사는 방법을 찾아봅시다.

있잖아~ 목재 실어갈 트럭 기사님한테 전화왔는데 무슨 문제가 있나 봐. 빨리 내려와 보래.

아이- 나 미치겠네!

이보세요 사장님! 땅을 밟은 건 죄송한데!

의뢰인들이랑 협의하기 전까지는 더 안 올라가겠다니까요! 제발 일어나세요!

OO - OO

괜찮습니다. 번거로우시겠지만 부탁드립니다.

예. 그럼 그렇게 하도록 하죠.

어 뭐지?

시끌

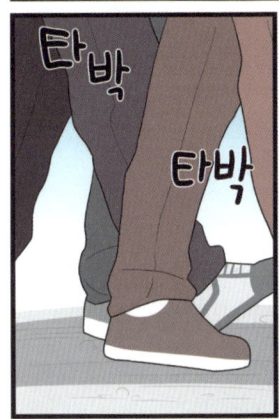

타박

타박

하긴, 이 나이 먹어도 나오는 다른 입장들이 용납이 안 될 때가 있어.

다들 벌써 도착한 거야?!

뭐지? 목재 실어갈 트럭인가?

여보 저기 사람들이 누워 있는데?

응? 갑자기 슨 일이시?

28화 뒷정리

꽤 많군요.

흡-족

그리고 통나무 몇 그루 남겨두고 가니까요, 필요한 데에 요긴하게 쓰시면 됩니다.

으으 허리야-!

많기도 하네 이걸 언제 다 치워?

뚜둑

엥

ㅇㅇㅇ

언젠가 한 번 했던 대사 같은데-?

그런 일들이 있었다고
왜 진작 말하지 않았어!?

쿠당탕

도록

또로롱

와서 좀
쉬었다가 해요.

탁
탁

여자들 분위기가
아직도 좀 어색하던데.

후우

꿀꺽
꿀꺽

잘못한 걸 알아도-
그렇게 나오니 나도 자존심에 그냥
무시하고 돌아서고 싶었어!

그런데 지난번 일도 그렇고
이대로라면 앞날이
너무 캄캄한 거지.

사과를 했구나!

예- 했습니다 형님.

착각하지 마시죠.
당신들이 무서워서
그런 게 아니니까.

피식

...

하지만….

땅을 밟은 것에 대해선 정말 죄송하게 생각합니다.

네. 다시는 이런 일 없을 겁니다.

뭐야-

역시 허세 맞네-

탁
탁

….

인지사용청구권

어떤 목적으로 부득이하게 타인의 땅을 쓸 필요가 있다면 먼저 땅 주인의 허락을 구해야 합니다.

하지만 동의를 얻더라도 타인의 재산인 만큼 쓰는 동안 피해가 가지 않도록 해야겠죠.

<인지사용청구권>
: 인지사용청구권이란 어떠한 이유로 A가 B의 땅에 부득이하게 들어가야 할 때 A가 B에게 해당 목적으로 필요한 만큼 토지를 사용할 수 있게 해달라고 청구할 수 있는 권리를 말합니다.

B가 승낙하지 않을 경우 소송을 제기해서 승낙을 구할 수도 있습니다.
돌려 말해보면,

B의 동의 없이 어떤 이유로도 A는 B의 땅을 이용할 수 없습니다.
만약 A의 무단침입으로 B가 농작물이 밟혔다거나 하는 피해를 입으면B는 손해 배상을 청구할 수 있습니다.

● 4컷 만화

최적의 입지조건

해주의 얼굴

아빠의 키

만화가 전개되면서 당신 키가 많이 큰 것 같네. 처음엔 나보다 작았는데.

그런가? 그러고보니 없던 목도 조금 생긴 것 같아.

작가 양반이 처음엔 우릴 전부 이등신 캐릭터로 그리려 했었대. 그런데 배경과 사람의 비율을 맞추면서 조정을 한거지.

그 과정에서 이런 저런 이유로 당신 키 설정도 변화를 준 모양이야.

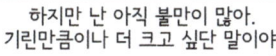

하지만 난 아직 불만이 많아. 기린만큼이나 더 크고 싶단 말이야.

그럼 작가한테 부탁해봐.

그럴까?

※불만 접수했습니다.

어이 이봐... 작가 양반! 비유잖아 비유!!!

쯧쯧쯧

쑥쑥

스펙타클 옆머리

나도 작가한테 지적할게 있어. 누나와 엄마의 옆머리 말이야.

이거?

불과 한 페이지 차이인데도 옆머리 길이가 짧아졌다 길어졌다 한다고!

←전
1page
후→

이거봐! 방금 막 또 길어졌어!

풀렀다 묶은 것도 아닌데 말이지!!

작가가 일관성이 없고만!!

스멀

....

스멀

이 자를 어떻게 처리할까요?

우리의 비밀을 알아채다니. 지구 밖으로 던져 버려라.